全书共有400多张

精美的彩色照片！

美国国家地理

酷酷的爬行动物

[美] 克里斯廷娜 · 韦尔斯顿 著
黄乙玉 译

有史以来最全面的爬行动物百科全书!

青岛出版社
QINGDAO PUBLISHING HOUSE
Boulder Publishing
大石精品图书

目录

引 言

从小到能立足在硬币上的迷你蜥蜴，到几乎和公交车一样长的蛇类，你都能在《酷酷的爬行动物》中找到。这些爬行动物会蠕动、爬行，还能滑翔。在本书中，你将认识会飞的壁虎、和巨石一样大的乌龟、会装死的蛇、能在水上奔跑的蜥蜴，还有能瞬间改变身体颜色的变色龙。这些惊奇的爬行动物和我们一同生活在世界上，向我们展示了地球上最古老也最成功的生命形式之一。早在大约3.15亿年前，爬行动物就出现了——比曾经称霸地球的恐龙还要早。如今除了极寒地区，它们几乎随处可见，壁虎等爬行动物甚至会和我们住在同一个屋檐下。

越了解爬行动物，你就会对它们越好奇。它们拥有许多种适应特征，简直让人惊叹！例如，魔蜥身体表面的尖锐刺棘不只是一副盔甲，上面还有沟，能让水沿着沟槽直接流进嘴巴；另一种变色蜥能把身体鼓得和气球一样，这样捕食者就没办法把它从岩石缝隙中拉出来；还有一种叫作澳儒蛇的蛇会将身体缠绕得像绳圈一样，让自己看起来更吓人。当你觉得你已经认识了世界上所有的爬行动物时，科学家又会发现新的物种，或有关已知种类的新知识，例如，突吻游蛇有着高超的狩猎技巧！

撰写《酷酷的爬行动物》时，我可以将我对动物的兴趣和我的工作结合，阅读与研究和爬行动物相关的知识。我非常享受和短吻鳄、斑尾蜥等爬行动物共处的时光，希望你也能乐在其中！

克里斯廷娜 · 韦尔斯顿

我来自美国西弗吉尼亚州，从小就在自然环境中成长。钓鱼是我最喜欢的活动之一。但从小我就被教导要害怕蛇类与其他爬行动物，因此我小时候很惧怕这些迷人的动物。直到高一时，我上了一堂生物课，我才学会欣赏爬行动物的美，并且领会到它们在自然界中扮演了多么重要的角色。我发现，作为自然界中重要的捕食者，爬行动物以昆虫、鼠类和其他动物为食，维持了生态系统的平衡。

我大学主修生物，专注于研究爬行动物（这个领域被称为爬行动物学），并获得了硕士及博士学位。在过去的51年中，我一直从事着相关工作，以教授大学生为主，直到最近才退休。我作为教师的最大乐趣，是和学生在野外寻找爬行动物（和两栖动物）。看到学生和过去的我一样，从害怕爬行动物，或是对爬行动物一无所知，到一头扎进爬行动物学中，这带给了我很大的喜悦。

现在我的许多学生在全美各地教授爬行动物学。在受邀为《酷酷的爬行动物》这本书审稿时，我一开始很犹豫，因为地球上生活着各种各样的爬行动物，我担心会遇到我不认识的爬行动物。我得花些工夫好好研究，也学到了一些和爬行动物相关的有趣知识。关于爬行动物，我们永远都能挖掘到和它们相关的新信息！

我希望在阅读这本书时，你能和我一样雀跃，并被它们神秘而高贵的美所深深吸引。

托马斯·K.波利博士

如何使用这本书

《酷酷的爬行动物》里有很多关于爬行动物的知识，下面是本书各部分的内容指南。

第一部分“发现爬行动物”里将会介绍这些迷人的动物。这部分将帮助你大略地了解爬行动物，这样的话，当你后面读到关于各种爬行动物的详细知识时，你已经有了一些基础。“爬行动物的感觉”是这个部分探讨的主题之一。

第二部分是这本书的重头戏，依据不同类群，分别介绍不同种爬行动物的特征。从种类最多的有鳞目开始，包括蜥蜴、蛇和蚓蜥亚目（也称为蠕蜥），到龟鳖目（龟和鳖）、鳄目（短吻鳄、凯门鳄和恒河鳄），以及喙头目（喙头蜥）。

乌龟
绿海龟

绿海龟

海龟科

小档案

其他中文名：
绿背龟

英文名：
green sea turtle

学名：
Chelonia mydas

体长：
1~1.5米

食物：
藻类、海草

栖息地：
海洋及沿岸区域

分布范围：
遍及全球热带、亚热带海域

你可能会觉得绿海龟的名字跟它皮肤或龟壳的颜色有关，但事实上，科学家是根据它体内的绿色脂肪来命名的！

绿海龟是濒临灭绝的动物，导致它陷入这样的困境的原因有很多。长久以来，人类都捕捉它作为食物，有些地方的人还会吃它的蛋。绿海龟也会因为被渔网困住而淹死。现在很多国家正在通力合作，共同保护这种濒临灭绝的动物。保育绿海龟离不开世界各国同心协力，因为它生存的沿海区域，横跨超过140个国家，它产卵的沙滩也分布在超过80个国家的境内。

绿海龟最著名的就是它长途跋涉的能力，它会往返于觅食地和繁殖地之间。每隔2~4年，雌龟会游回当年自己孵化的海滩上产卵。对某些乌龟而言，这趟旅程可能需要跨越数千千米的距离。

当雌龟抵达目的地后，它会爬上岸，用鳍状后肢在沙滩上挖洞，然后在洞中产下100~200个蛋。最后它会用沙把蛋埋起来，再回到海里。乌龟宝宝大约在两个月后孵化，一孵出来，它们就会爬向大海。

澳大利亚的雷恩岛是世界上最重要的绿海龟产卵地之一，每年有多达2万只雌龟到那里产卵。

在大西洋和墨西哥湾作业的捕虾船只都被要求装上海龟逃脱器（称为TEDs）。这种装置能防止海龟被困在捕虾网内。

226

本书详细介绍了91种不同的爬行动物。左图便是其中之一。

在每一个爬行动物物种档案中，你都能找到有关这个物种体形、食性、分布、生活栖息地、学名和其他俗名的信息，让你一目了然。

乌龟
赫曼陆龟

赫曼陆龟

陆龟科

小档案

其他中文名：
西部赫尔曼陆龟、赫氏陆龟

英文名：
Hermann’s tortoise

学名：
Testudo hermanni

体长：
12~23厘米

食物：
花、草、树叶、昆虫、蛞蝓、蜗牛、蠕虫、腐尸

栖息地：
森林、干草原、灌木丛、林地、岩石坡

分布范围：
欧洲南部

大部分的乌龟都喜欢栖息在潮湿的环境中，不过赫曼陆龟大部分的时间都待在干燥的区域里。只要这个地方有食物吃、有温暖的地方晒太阳、有阴凉的地方能让它避暑，还有适合挖洞的地面能筑巢，那就会是它的理想栖息场所。

秋天快要结束的时候，这种陆龟会在腐烂的倒木下、灌木丛，或其他安全的地方挖巢穴。它会把自己塞进落叶堆中休眠以度过严冬。春天时，赫曼陆龟会陆续现身，并马上开始寻找交配对象。雄龟的求偶行为包含咬雌龟，并且像一部迷你坦克一般，撞击雌龟身体的一侧！

雌龟会在地洞中下蛋。下完蛋后，它会缓缓爬走。这些蛋在3个月后孵化，乌龟宝宝的体形很小、壳也很软，所以容易成为捕食者，例如鸟类、鼠类、狐狸、刺猬、獾、蛇类，甚至是野猪的目标。每诞生的1000只乌龟宝宝中，大约只有5只能活到3岁。

由于栖息地的消失，以及被猎捕卖到宠物市场，赫曼陆龟目前被国际自然保护联盟列入受威胁物种名单。

法国的保育组织SOPTOM（Station for the Observation and Protection of Turtles and Their Habitats，乌龟及其栖息地的观察保护站）会帮助赫曼陆龟以及其他种类的乌龟。SOPTOM设有专门的动物园，称为乌龟村，在那里，人们可以学习和乌龟保育有关的知识。

赫曼陆龟是以法国医生兼自然史学家约翰·赫曼（1738—1800）的名字命名的。你可以去法国斯特拉斯堡的动物博物馆参观，那里陈列着他收集的植物、动物骨骼和其他展品。

202

发现爬行动物

什么是爬行动物

说起爬行动物，你脑海里第一个浮现的是什么？你可能会想到一只正在石墙上晒太阳的蜥蜴，或是一条滑过草丛的蛇；你也可能会想到一只在池塘里游动的乌龟，或是潜伏在沼泽中的短吻鳄；你甚至还可能会想到“恐龙”！

这些动物的外表差异非常大，但它们都属于爬行动物（没错！恐龙也是）。因为它们都有脊椎骨、用肺呼吸，而且皮肤上部分或者整块都覆盖着鳞片。

通常你能快速判断出一种动物是不是爬行动物！爬行动物不像哺乳类动物有毛发，不像昆虫有六只脚，也不像鱼类一样有鳍，能用鳃在水里呼吸。

但是有些动物可能会“迷惑”你。比如，蝾螈究竟是什么动物？它有四条瘦小的腿和细长的尾巴，外形像蜥蜴，但再仔细瞧一瞧，你会发现它并没有鳞片。那是因为它是两栖动物，不是爬行动物。蝾螈、青蛙和其他两栖动物的皮肤表面都没有被鳞片覆盖。

爬行动物和两栖动物还有很多不同的地方。例如，爬行动物能在各种陆域栖息地产卵，连非常干燥的沙漠环境也不例外。它们的卵有坚硬的蛋壳，能防止水分蒸发；而两栖动物的卵看起来却像果冻，很容易变干，所以它们必须把卵泡在水里或潮湿的地方。此外，大部分两栖动物的幼体要先经历幼生时期，才会变为成体（例如青蛙的宝宝是外形像鱼且没有腿的蝌蚪）；但爬行动物一生下来就有四条腿，看起来和它们的爸爸妈妈一样，只是体形比较小而已。

这只红土螈看起来很像爬行动物，那是因为你看不见它体内根本没有肺，它是直接用皮肤呼吸的！即使是有肺的两栖类动物，也能用皮肤辅助呼吸。两栖动物的卵能直接和外界交换氧气和二氧化碳，水也能自由渗入、渗出。

有一群科学家专门研究爬行动物和两栖类动物，他们被称为爬虫学家（herpetologist）。“Herpeto”源自希腊文，意思是“会爬行的生物”。

科学分类

为了方便研究，科学家将动物分门别类。这里列出了扁蜥这种蜥蜴的分类。

界：动物界

门：脊索动物门（有脊骨的动物）

纲：爬行纲

目：有鳞目（有鳞片的爬行动物）

科：环尾蜥科

属：扁蜥属（身体扁而宽的蜥蜴）

种：扁蜥

爬行动物的种类

科学家已经对将近1万种爬行动物命名并加以描述了。然而，这个数字每年都在变动。灭绝会使数字下降，物种的新发现则会使数字上升。

例如在2010年，科学家宣布在菲律宾发现了一种体形和人类差不多大小、以水果为食的巨蜥。这种庞然大物怎么可能被忽略？当然有可能！因为它生活在偏远山区森林的树梢上。但菲律宾人对它非常熟悉，称它为“碧塔塔瓦巨蜥”，当地人长久以来都会猎食这种蜥蜴。这也是科学家发现它存在的原因。他们在一张2001年拍摄的猎人和猎物的照片中，看到了这种巨蜥。但是10多年过去了，研究人员还是没有在野外找到这种蜥蜴。

有时候，研究人员甚至会发现曾经以为已经灭绝的爬行动物。2005年，有人在厄瓜多尔拍到了长鼻子的匹诺曹蜥蜴的照片。因为在过去40年中没人看到过这种长鼻蜥蜴，所以科学家曾经以为它们已经灭绝了。

当科学家发现，之前认为是同一个物种的动物其实属于两个或多个物种时，物种的总数也会增加。科学家发现新物种，通常是因为他们使用电脑程序和其他新技术分析了动物的基因（基因是一种

科学家分出爬行动物之后，还要做什么？爬行动物和其他所有生物一样，还要依目来分类。爬行动物共分为四个目，各目所占的比例如下。

有鳞目：
蜥蜴、蛇和蚓蜥（也称为蠕蜥）
96.3%

龟鳖目：
鳖和龟
3.4%

鳄目：
鳄鱼、短吻鳄、凯门鳄和恒河鳄
0.3%

喙头目：
喙头蜥
0.01%

脊椎动物中各类群所占比例

鱼类 55%
鸟类 16%
爬行类 12%
哺乳类 8%
两栖类 5%
盲鳗和其他原始的脊椎动物 4%

化学密码，内含“构成”生物体的“指令”）。

过去，科学家是根据动物体表和体内的构造来进行分类的。他们认为构造相近的动物，可能亲缘关系较近；而构造不相近的动物，可能亲缘关系较远。现在科学家仍会用这些方法观察，但也会进一步借助现代科技来研究。

科学家会利用计算机和其他工具分析基因，检视每一个物种独特的细胞特征。这些深入的研究能让我们更好地认识动物间的亲属关系，它们如何随着时间进化，以及它们的祖先是谁。我们甚至通过这个方法发现了一些线索，了解鸟类可能是由爬行动物演化来的！

鸟类是温血动物，但它们是从名为兽脚亚目的恐龙演化而来的，因此有些科学家将鸟类放在爬行动物中的第五个目下——恐龙目；其他科学家则认为恐龙目包含鸟类、恐龙和兽孔目的远古爬行动物。在这些科学家研究鸟类和恐龙的关联时，还有一群科学家把焦点放在更久以前，研究恐龙出现之前的爬行动物。

远古爬行动物

早在3亿年前，地球上就出现了第一批爬行动物。这些原始的爬行动物和现在哺乳动物的祖先有着密切的亲缘关系。

大约在2.3亿年前，名为恐龙的爬行动物演化出来了，成为陆地霸主。直到6500万年前，一颗巨大的小行星撞上地球，落在了墨西哥的尤卡坦半岛，引起了大火、地震、滑坡和海啸，让地球陷入了一片黑暗。“爬行动物的时代”由此迅速落幕，导致恐龙、海洋爬行动物和翼龙灭绝，但小型爬行动物和其他多种动物幸存了下来。

恐龙不是现代爬行动物的祖先，但它们有亲缘关系。鳄目动物和恐龙的亲缘关系最近，它们有共同的祖先：一种外形像鳄鱼的动物，被称为槽齿目（thecodont）或原鳄龙（basal archosaur）。蜥蜴、蛇、蚓蜥和喙头蜥与恐龙和鳄鱼的共同祖先是长得像爬行动物的两栖类动物，它生活的年代非常久远，比槽齿目出现在地球上的时间还要早。

那乌龟呢？科学家还在推敲乌龟到底属于爬行动物演化史的哪个部分。乌龟在恐龙时代就已经出现在地球上了。科学家认为在爬行动物的演化分支图中，乌龟很早就分出去了。目前有些科学家认为，乌龟可能和鳄鱼与鸟类有较近的亲缘关系，其他科学家则在研究乌龟和蜥蜴的亲缘关系。

世界上最古老的海龟化石之一距今已有2.1亿年的历史。这只海龟体形很大，足足有1米长。它的头无法缩进壳里，但是颈部和尾巴的尖刺能起到保护作用。

科学家持续发现新化石！最近又有巨大的南美洲蛇类化石出土了。这条泰坦巨蟒大约生活在6000万年前，重量有900多千克，大约有13.7米长！

2亿年前，喙头蜥的祖先在庞大的恐龙脚边逃窜。如今，这种长得像蜥蜴的爬行动物是喙头蜥目仅存的成员，目前只分布在新西兰。

爬行动物是冷血动物吗

说起爬行动物，总会让人联想到“冷血”这个令人不寒而栗的形容词。我们通常认为爬行动物是冷血动物，而哺乳类和鸟类则是温血动物，但“冷血”到底指的是什么呢？

冷血动物的体温会随着环境温度变化而变化。它的身体不像你跟其他温血动物一样能产生那么多热能。温血动物通过消化食物、收缩肌肉等身体活动产生热量，但爬行动物进行这些活动时并不会产生大量热能。

哺乳类和鸟类等大多数温血动物的体表上有覆盖物，能减少体温散失。哺乳动物的毛发和鸟类的羽毛有绝佳的隔热效果，但爬行动物并不具备这种保暖的隔热层。因此在寒冷的天气，它的体温可能会降到非常低；而到了天气炎热时，它的体温可能又会急剧上升。

事实上，沙漠中的爬行动物在艳阳高照的日子里，血液的温度可能会非常高，这就是为什么科学家没有使用“冷血”这种不精确的词。爬行动物的体温并不是一年到头都偏低，否则它们也不能滑行、奔跑、攀爬，甚至消化食物了。

所以，形容冷血动物更恰当的词语应该是“变温动物”，指的是利用外部环境让自身体温上升或者下降的动物；而由自己产生体温的动物则称为“恒温动物”。

如果爬行动物不能自己产生热量，那它们又是怎么控制体温的呢？请到下一页找答案吧！

和“温血动物”相比，“冷血动物”有一个很大的优势：变温动物不需要消耗能量就能产生体热。比如大鳄鱼可以好几个月不进食却依然能存活；而恒温动物却没办法，因为食物是它们产生热能的根源。

鸟类的身体能够产生热量，属于恒温动物。它们会把羽毛弄蓬松，在体表形成隔热层，防止体温散失。但爬行动物却没有这种隔热机制。

某些爬行动物也懂得恒温动物的保暖策略：抖动，让肌肉产生热量。有些雌蟒蛇会通过抖动来让蛇蛋保持温暖。

暖身和保持凉爽

爬行动物不能像恒温动物那样产生体热，但却可以控制体温。这种控制体温的行为被称为体温调节。爬行动物主要通过在温暖和阴凉处之间移动来调节体温。

在墙上晒太阳的蜥蜴利用太阳的光照让体温上升，同时也从下方的温暖石墙上吸收热量。你应该看过乌龟在池塘里的枯木上晒太阳，或是蛇在阳光下做日光浴吧?

当身体暖起来之后，爬行动物就要忙着觅食、巡视地盘了；如果正值繁殖季节，它们还要寻找交配对象。天气很热的话，它会待在凉爽的地方，避免体温过高。它们会退到阴影下、滑进缝隙、钻进洞穴，或是浸泡在水中。

但是沙漠里的阴凉处和洞穴实在不多，不过沙漠中的爬行动物另有降温妙方。许多生活在沙漠的爬行动物如蜥蜴、蛇类和乌龟在炙热的白天都会躲起来，等到了凉爽的夜里才出去活动。

地下是沙漠避暑的好去处。在炎热的白天，地面温度高达77℃。但是在地面下方十几厘米的地方却非常舒适，温度只有27℃。

铲吻蜥生活在非洲南部炎热的纳米布沙漠。为了对抗高温，它会跳独特的“舞蹈”——两只脚站立，另外两只脚腾空散热；再快速换脚，将两只已经冷却的脚站立在沙地上，抬起之前紧贴沙面站立的两只脚。

生活在严冬地区的爬行动物会通过冬眠躲避零摄氏度以下的低温。蛇鳄龟会躲到池塘或湖泊的泥土地下过冬；蛇类则会卷起来，躲在岩石、木材堆下面等类似的地方。

海鬣蜥会在寒冷的海水中觅食。下水前和上岸后，它都会在温暖的熔岩上做日光浴，深色的皮肤有助于它吸收太阳的热量。

爬行动物的皮肤：鳞甲和鳞片

想象抓住一条蛇时，你会不会吓到发抖？你可能以为蛇摸起来湿湿黏黏的，很恶心。但蛇和其他爬行动物一样，完全和湿湿黏黏沾不上边。它的皮肤干燥，表面布满鳞片，摸起来凉凉的，感觉像丝绸般光滑。

爬行动物最外层的皮肤被称为表皮，由一种名为角蛋白的坚硬成分组成，和构成你的指甲、头发和皮肤的是一样的物质。爬行动物的鳞片由厚厚的角蛋白形成，鳞片和鳞片之间的角蛋白较薄，让爬行动物的皮肤可以自由伸缩。鳞片可能会像屋顶上的瓦片一样彼此重叠，或像人行道上的砖块一样彼此分离。

龟壳表面的坚固鳞片被称为鳞甲，上面也覆盖着角蛋白。鳄鱼和一些爬行动物长有骨板，在它们的骨质盔甲里也可以找到角蛋白。骨板由内层的皮肤（真皮层）产生，骨质基部上覆盖着角蛋白纤维。

爬行动物每隔一段时间就会蜕去最外层的皮肤，它们在生长过程中，需要更大的盔甲，所以必须经过蜕皮这一过程。年幼的爬行动物长得很快，因此它们蜕皮的频率比成年的个体更频繁（爬行动物终其一生都在成长，但成体生长的速度会比较慢）。爬行动物在蜕皮过程中也能蜕去老旧或受损的皮肤。蜥蜴会蜕下一片片的皮，蛇则是一次蜕下整张皮，直接从旧皮中爬出来，留下一张内面朝外的蛇皮。乌龟和鳖会从四肢、颈部和尾巴处蜕下一片片的皮，鳞甲的部分也是一样。

蛇是如何蜕皮的?

1

快要蜕皮时，蛇的皮肤看起来暗淡无光，而且眼睛会变蓝。这是因为混浊的油状液体填满了旧皮肤和下方新皮肤之间的空隙。

2

蛇会在岩石或其他物体的表面摩擦口鼻部，弄松皮肤，准备蜕皮。之后它会一边滑行一边蜕去旧皮，就像你在地毯上摩擦脚，想把袜子搓掉一样。

3

蛇的新皮肤鲜艳又有光泽，蜕去的旧皮则没有颜色。

遭到另一只鳄鱼攻击时，短吻鳄背上的骨板能保护它的内脏。鳄鱼的盔甲装备齐全，有些鳄鱼甚至连它的眼睑都覆盖着骨质鳞片。

生动的色彩

如果要画一只爬行动物，你会选什么颜色的蜡笔？很可能是绿色或者棕色。因为许多爬行动物都是绿色或棕色的，这些颜色能帮助它们和所处环境的树叶、树干还有岩石融为一体。不过你最好准备一组64色的蜡笔，因为也有些爬行动物身上有宝蓝、柠檬黄和亮粉这些鲜艳的颜色。这些明亮的色彩通常出现在条纹或斑点中，构成复杂的纹路。

爬行动物的颜色来自第二层皮肤：真皮层。这些色彩是由不同的色素细胞所产生的，皮肤的颜色会依色素细胞的大小和数量的不同而改变。

有些色素细胞有红色或黄色色素，有些有黑色素。黑色素会决定爬行动物和其他脊椎动物（包括人类）的肤色是浅棕、黄褐、深褐还是黑色。不同比例的深浅混合，能创造出各式各样的色彩。

黑色素的分布也会影响颜色。如果它均匀地分布在各个细胞中，这个区域就会呈现黑色；如果它集中分布在各个细胞的中央，就会有一个区块显得很苍白。

那爬行动物身上常见的绿色又是怎么产生的呢？事实上，爬行动物的色素细胞不包含绿色色素，也没有蓝色和白色色素。这些颜色是由虹细胞所产生，但这些细胞内并没有色素。相反地，里面是像晶体一样的物质，这些物质能反射光线，将光线折射成彩虹般的色彩。举例来说，被虹细胞反射的蓝光加上皮肤的黄色色素，就能产生绿色。

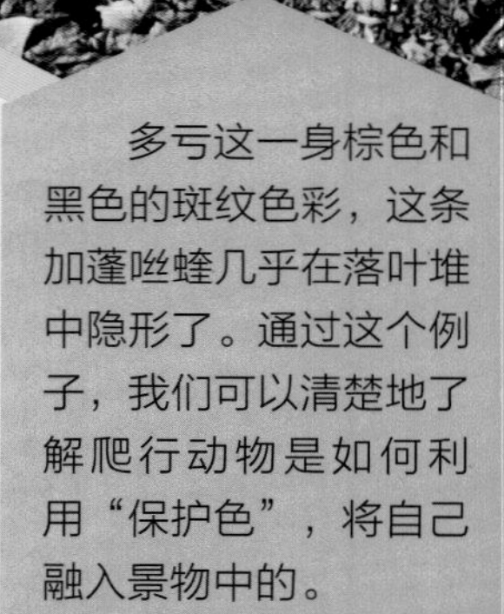

多亏这一身棕色和黑色的斑纹色彩，这条加蓬咝蝰几乎在落叶堆中隐形了。通过这个例子，我们可以清楚地了解爬行动物是如何利用“保护色”，将自己融入景物中的。

大部分的壁虎都能把自身的体色变深或变浅。如果体温偏低，它会让体色变深，这样就能吸收更多太阳能；体温偏高时，体色则会变淡。而大壁虎的体色则可以从深灰色底配橘色斑点，变成浅灰色底配蓝色斑点哦！

有些爬行动物会像阳光下的彩虹一样闪烁，这种现象称为虹彩。鳞片光滑又有光泽的蛇身上有时会有虹彩，尤其是在刚蜕完皮的时候。图中这只闪闪发亮的爬行动物是闪鳞蛇。

这只马达加斯加豹纹避役是世界上色彩最缤纷的爬行动物之一。雄性的颜色比雌性更明亮，在繁殖季会更加鲜艳，因为雄性要通过展示体色吸引交配对象。变色龙改变颜色是为了传递讯息，而不是进行伪装。

黑色素使得黑环尾蜥呈现一身黑色。这种蜥蜴生活在非洲南部常年云雾缭绕的山区，由于深色比浅色更容易吸收光线，因此黑色的皮肤可以让它尽可能吸收光线，提高体温。

快速变装的艺术家

能改变体色的爬行动物都拥有改变色素细胞大小的能力。如果红色细胞胀大，它的体色就会变红。同样的道理，黄色的细胞胀大，爬行动物的皮肤就会变成黄色。细胞也能收缩，让光线从细胞反射后，呈现蓝色和白色。

黑色素也可以在爬行动物的皮肤里移动，让肤色变深或是变浅。含有黑色素的细胞有手指状的凸起，称为树突，遍布在皮肤中。黑色素会渗入树突，最后遍布整片皮肤，让体色变深。黑色素渗出树突，聚集回黑色素细胞时，爬行动物的体色就会变浅。

因此，这些色彩混合在一起，就能产生缤纷多样的体色，让爬行动物变成色彩大师。许多蜥蜴都拥有变色能力，像安乐蜥就能在棕色和绿色之间自由变换；变色龙能在一分钟内，让身体从浅绿色变成一盏七彩的“霓虹灯”。

蜥蜴会通过改变体色来沟通。比如，变色龙就通过变色来寻找交配对象，雄性以明亮的色彩吸引雌性，如果雌性体内已经有受精卵，它就会改变体色，告知对方：“我有身孕了，走开！”

少数蛇类会在一天的不同时刻改变体色。例如海地的一种林蚺白天时是深色的，到了晚上，则会变成黄底加上绿色、红棕色和黑色的斑纹。

许多蜥蜴的体色会变深，深色反射的光线比浅色还少，因此能帮助它们吸收阳光，提高体温。比如，美洲鬣蜥就会变成深绿色，但如果它在正午时分受阳光直射，体色就会变浅，反射光线。

澳洲鬃狮蜥带刺的“胡子”在生气时会展开。雄性对另一只雄性展开胡子进行威吓时，胡子还会变成黑色。

爬行动物如何“说话”

如果你想请朋友模仿恐龙的声音，他八成会吼叫。但如果你想让他模仿爬行动物的声音，他应该会一脸困惑。因为爬行动物好像不会发出什么声音，但有些爬行动物的确会通过声音来沟通。此外，它们也会通过发出信号、做出动作、改变颜色和散发气味等方式沟通。

发出声音：最常发出声音的爬行动物是壁虎。所有蜥蜴里面只有壁虎有声带。雄性大壁虎在寻找交配对象时，会发出响亮的交配鸣叫。非洲沙漠里的雄性吠叫壁虎会坐在它的洞口，发出短而急促的尖叫声。

某些没有声带的爬行动物也能发出声音。许多蛇类、蜥蜴和乌龟受到威胁时，会发出咝咝声。鳄鱼和短吻鳄也能发出隆隆的吼叫声。鳄鱼宝宝则会通过吱吱叫呼唤妈妈。

肢体语言：爬行动物主要是靠视觉信号和肢体语言来沟通的。比如，许多蜥蜴会通过摆动头部、鼓胀身体，以及做俯卧撑来威胁其他蜥蜴。过去，我们觉得变色龙改变体色只是为了融入四周的环境，但现在才发现它变色的主要目的是要威吓或表达交配的意愿。

泄露内情的气味：爬行动物也会用气味来沟通。研究显示，像壁蜥蜴等一些爬行动物会用气味宣示领地主权。雌性束带蛇会在繁殖季节释放气味吸引雄蛇。

在爬行动物的世界里，肢体语言能传达很多讯息。举例来说，两只雄性喙头蜥相遇时会张大嘴巴，如果一方先把嘴巴闭起来，那就是在说：“我放弃，你赢了！”

你猜这只鬃狮蜥是在跟朋友挥手还是击掌？或者它要举手回答问题？都不是。挥动前肢是鬃狮蜥的肢体语言，表示：“我对当老大没兴趣。”

这只短吻鳄正在用头“鼓掌”。它迅速张开上下颚，同时以头的底部拍击水面，制造噪音并溅出水花，大声宣告：“是我！我在这儿！”同时还会拍击尾巴来加强“语气”。

爬行动物的感官大揭秘

视觉、听觉、嗅觉、味觉和触觉——许多爬行动物拥有和你相同的感觉。 不过，这并不表示它们感受到的世界和你一样！

视线所及： 举例来说，各种爬行动物的视觉能力都不同。大部分的蜥蜴视力非常好，能同时侦察到猎物和捕食者。变色龙通过弹出舌头捕捉猎物，因此双眼能各自朝不同的方向转动，帮助它测量距离。但是，对于生活在地底的蚓蜥，它们的眼睛被鳞片盖住，只能分辨明暗。因为在它们生活的环境中，并不需要敏锐的视觉。

听听看！ 蜥蜴的听觉和蛇类很不一样。大部分蜥蜴的头部都有外耳孔，但蛇类没有。蛇类有内耳（头内部的耳朵的一部分），不过它连接的是下颌骨，而不是鼓膜。因此蛇的下颌能感受到地面的震动，比如“听见”一只美味的老鼠匆匆经过。

最近科学家还证明了高分贝的声音会引起蛇类的骨头震动，因此它也听得见透过空气传导的声音。蚓蜥、乌龟和喙头蜥同样也能听见声音。

闻闻看、尝尝看和摸摸看！ 蛇和蜥蜴不只会用鼻子闻味道，它们也能用舌头侦测气味，通过伸出舌头收集物体、地面和空中的化学微粒。除了蛇类，几乎所有爬行动物的舌头上都有味蕾。

有些蝮蛇、蚺和蟒蛇（比如缅甸蟒）的脸部有侦测猎物用的感热颊窝，即使在黑暗中，它们也能“看见”小老鼠在将近1米外的地方散发的热量。

海龟能感知磁场，这有助于海龟在汪洋大海中导航，和它们亲缘关系较远的鸟类也同样具备这项能力。

蛇的舌头能感受物体、地面和空气中的微粒，然后带回口腔中，让被称为雅克布逊器官的一群细胞侦测这些化学分子，进行气味分辨。因此，蛇能迅速选择食物和交配对象，以及察觉危险。蜥蜴也有这种构造。

我们人类有突出的外耳，而蜥蜴则不一样。你可以在一些爬行动物的头部发现中耳（或称为鼓膜），它看起来就像皮肤表面凹下去的浅盘。许多蜥蜴都有外耳孔，看起来就像一个洞。

爬行动物的求偶与交配

一只小巧的绿色蜥蜴停在树枝上。它摇晃着头部，亮出下巴下方粉红色的皮肤，一直不断地重复这个动作。你知道它到底在做什么吗？

事实上，这只绿安乐蜥是想吸引雌性个体，这种行为称为求偶。爬行动物的求偶行为千奇百怪，但最终目的是希望成功交配并传宗接代。

许多种蜥蜴都会通过摆动头部和改变体色来求偶，很多鳖和龟也会通过摆动头部求偶。几种雄性潮龟还会换上鲜艳的繁殖体色：例如在交配季节，雄性潮龟黑色的头部和颈部中间会出现明亮的橘红色颈圈，但雌龟仍维持单调的橄榄绿体色。

大多数时候，蛇都是独来独往的，但到了交配季节，雄蛇会寻找雌蛇。在这段时期，如果雄蛇遇到同种的雄蛇就会打起来。它们会展开摔跤角力，直到一方放弃。雄性鳄鱼也会彼此争斗，同时，雄鳄鱼和雌鳄鱼会互相追求。求偶行为视鳄鱼种类而定，可能是绕圈游泳、摩擦口鼻部，或是在水里吹泡泡！

绿海龟通常独自游行，但到了繁殖季节，它们会成群聚集，寻找交配对象。雄性和雌性会绕着彼此游泳，看起来像在绕圈子跳舞似的。

两条雄蛇的打斗行为称为战斗之舞，包含许多推挤、挣扎和扭打，但通常不会有任何一方受伤。这种行为很有戏剧性，常被误认为是雄性和雌性之间的求偶行为。

为了吸引雌性，雄性密河鼍会让背上的水发出嘶嘶声！这些非常低频的声音一部分会在水中传播，但在水面上无法听见。因为鳄鱼在让身体产生剧烈震动时，它背上的水会上下跳动。

侧斑犹他蜥生活在美国西部的干燥地区和沙漠。根据喉部的颜色，这种蜥蜴的雄性个体会有不同的“家庭生活”：橘色喉部的雄性掌控着大范围的领域，所有在它势力范围内活动的雌性都是它的交配对象；而蓝色喉部的雄性则会保护它的对象，它的势力范围较小，只会和少数的雌性交配，有时甚至只有一个交配对象；黄色喉部的雄性则在附近伺机而动，尝试拐走雌性蜥蜴！

爬行动物的繁殖

所有鸟类都会产卵，而几乎所有哺乳动物都是直接生下宝宝的。但是在爬行动物的世界里，繁殖却没有一定的规则。有些爬行动物会像鸟类一样产卵，有些爬行动物则会像哺乳类一样生下发育完全的幼体。此外，还有的爬行动物繁衍下一代的方式介于这两者之间。

大部分的爬行动物属于“卵生”，它们产下蛋后，会让受精卵在体外发育，就像鸟蛋一样。蛋里面有卵黄，提供养分给发育中的胚胎。鳄鱼和壁虎产下的蛋有硬壳；其他种蜥蜴、蛇类和蚓蜥会产下表面像皮革般柔软的蛋。龟和某些鳖产下的蛋具有坚硬的外壳；海龟和一些淡水龟则会产下有革质外壳的蛋。

卵生爬行动物会将蛋产在安全的地方。例如，海龟会在沙地上挖洞，把蛋埋起来；短吻鳄会用叶子、泥土和烂泥筑巢；许多蛇类和蜥蜴会把蛋产在落叶、泥土和其他隐秘处。大部分的爬行动物产下蛋后就不管了，很多鳄鱼，还有部分蜥蜴和蛇却会照看它们的蛋。

有些蜥蜴和蛇类属于“胎生”，它们会直接产下幼体，而不是把蛋产在隐秘处，让宝宝在蛋里发育。大多数胎生爬行动物会把受精卵留在体内，在产卵之前，胚胎会在母体内发育和生长。

包裹幼体的卵壳是一层薄膜，当这些卵要离开母体时，它们极脆弱、易破。雌性个体产下这些柔软的蛋时，宝宝也即将孵化，因此这些幼体一出生就是发育完全的小爬行动物。

然而，有些蜥蜴和蛇类的母体会为胚胎提供养分，而不是让幼体靠卵黄获得养分。这种繁殖方式和哺乳动物的胎生很相似，即幼体在出生前依赖母体提供的养分生存。

一只雌性的密河鼍用草、枝条、树叶和泥巴筑了一个像冰箱那么大的巢。它会守在巢边，直到蛋孵化。许多鳄鱼会严密地守护它们的巢，等到蛋即将孵化时再将巢挖开。

一只赤蠵龟在挖洞筑巢，准备产卵。

大部分的蛇类产下卵后就会离开，但有几种蛇会像鸟类一样“孵蛋”。例如，蟒蛇就会像一条长满鳞片的围巾一样，环绕在蛋的周围。有些蟒蛇会通过让身体发抖产生体热，为它的蛋保温。

爬行动物的生长

不管是从蛋孵化，还是由母体直接产下，大部分的爬行动物的宝宝一出生就只能靠自己。一些壁虎、石龙子和其他种蜥蜴会保护幼体，但大部分的爬行动物都没有育幼行为。年幼的科摩多巨蜥甚至会躲到树上来躲避饥饿的成体。然而，许多鳄鱼会无微不至地照顾幼体，如果它们会阅读写字，这些鳄鱼爸妈肯定能在父亲节和母亲节收到节日卡！

印度的恒河鳄会尽职地守卫它的巢。宝宝在快要孵化时会发出啁啾声，这时鳄鱼爸妈就会冲过去把巢挖开。它们甚至会将蛋含进嘴巴轻轻地挤压，帮助宝宝孵化，再带宝宝到水边。鳄鱼爸妈保护幼体的时间可长达两年。

爬行动物的幼体通常看起来就像迷你版的成体。然而，某些爬行动物幼体的体色可能不太一样。蜥蜴幼体常会有明亮的体色，像年幼的颈斑巨蜥会有橘色的头部和黑黄相间的身躯。刚孵化的幼体因为体形小，吃的食物通常和父母不同。刚孵化的铜斑蛇没办法像成体一样吃老鼠、大型昆虫和蜥蜴。因此一开始，它吃毛毛虫和其他小型昆虫，之后才开始吃小青蛙和蜥蜴。刚孵出来的铜斑蛇有一条亮黄色的尾巴，抖动时可以吸引猎物。

和小雏鸟一样，爬行动物宝宝出生时会有“蛋齿”，能够把蛋壳打开。因种类不同，蛋齿可能是口鼻部皮肤上坚硬的凸块，或者真的是从嘴里突出来的额外牙齿。不过，在它们孵出来不久后，蛋齿就会脱落。

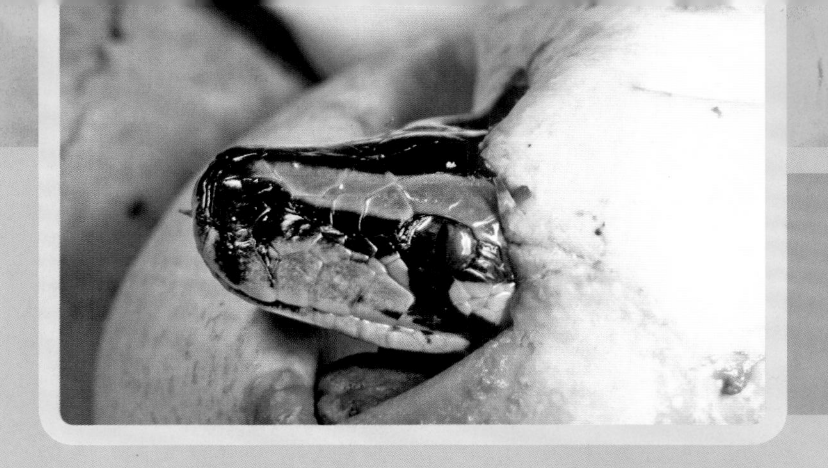

蟒蛇宝宝孵化时，会用尖锐的蛋齿划破皮革般的蛋壳。它的妈妈会缠绕在蛋的周围，保护它们。但是宝宝孵出来后，蛇妈妈就会离开。所以，蛇宝宝一破壳而出，就必须学会保护自己。

密河鼍妈妈会把刚孵出来的宝宝含在嘴里，带到水边。鳄鱼宝宝会吃蜘蛛、螃蟹、虾和小鱼等小型生物。

是雄性还是雌性呢？很多爬行动物的性别都取决于温度！大多数蜥蜴和乌龟，以及所有鳄鱼的性别都是根据孵化时的温度而定的。密河鼍的蛋在34℃以上的环境中，全部都会孵化出雄性；在30℃以下的环境中，则全部都会孵化为雌性。然而对许多乌龟而言，条件正好相反，低温会孵出雄性，高温会孵出雌性。

华美球趾虎刚孵出来时，就像一只长着亮橘色尾巴和蓝绿色头部的小老虎。在成长过程中，它的身体会变成布满红点的棕色。由于成体和刚孵化的幼体外观很不一样，成体和幼体一度被认为是两个不同的物种。

爬行动物的移动方式

步行、跑步、游泳、滑行，甚至是滑翔，都是爬行动物移动的方式！

几乎所有陆栖哺乳动物的腿都是长在身体下方的，但蜥蜴的四条腿是从身体两侧长出的，因此它必须扭动身体前进。这样有一个好处：静止不动时，蜥蜴的身体能直接贴在物体表面休息，减少能量的消耗，这对变温动物来说非常重要。不过缺点是：在扭动身躯前进时，蜥蜴的肺不能正常运作，必须停下来才能吸气。

然而，鳄鱼走路时，四肢几乎能完全立起来，这种跨步前进的方式被称为“高步（high walk）”。乌龟也能用脚抬起身体来移动。

会游泳的爬行动物为了在水中推动身体前进，演化出了特殊的脚，比如鳖就是用脚游泳；淡水龟通常都有蹼状四肢，能在水中推进；海龟则有鳍状肢。

许多水生爬行动物都会用尾巴游泳。例如，鳄鱼会左右甩动强壮的长尾巴，在水中推进。它们的尾巴呈上下扁平状，有和桨一样的功能。

蛇类虽然没有脚，但还是能四处游走。它会扭动身躯，靠着推动地面或其他物体表面的反作用力前进。它也会像弹奏手风琴一样，先移动身体前端，再移动尾端。此外，许多蛇类都能用肌肉和腹鳞让身体呈直线前进，即先以肌肉推进身体底端的一个区段，让腹鳞固定在物体表面，再把身体其他部位拉过来。

这是一只鸟？一架飞机？还是……一只会飞的蜥蜴？答对了！这只飞蜥在身侧演化出了薄薄的皮肤，能让它从树顶滑翔而下。“飞行”时，它会延伸肋骨把皮膜展开成翅膀的样子，这样至少可以滑翔9米。

锦龟在淡水池塘和湖泊中游泳，它的脚有像鸭子一样的蹼，帮助它拍水前进。但是像沙龟等在陆地生活的乌龟就没有蹼，它们圆柱状的脚又粗又短。

海蛇能用桨状的尾巴在水中推进，但如果被冲上岸，它扁平的身体会倒向一边，让它动弹不得。

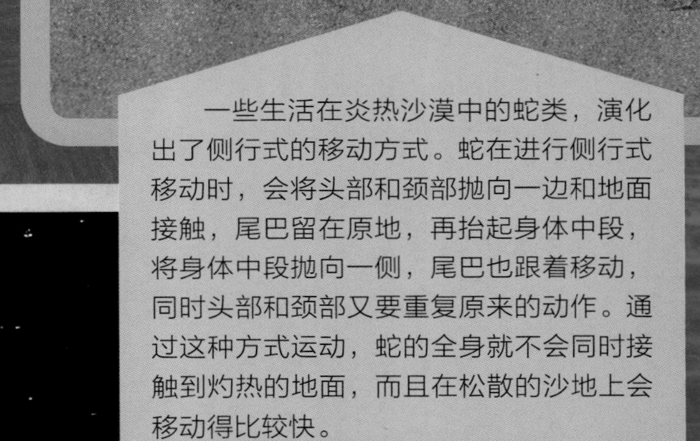

一些生活在炎热沙漠中的蛇类，演化出了侧行式的移动方式。蛇在进行侧行式移动时，会将头部和颈部抛向一边和地面接触，尾巴留在原地，再抬起身体中段，将身体中段抛向一侧，尾巴也跟着移动，同时头部和颈部又要重复原来的动作。通过这种方式运动，蛇的全身就不会同时接触到灼热的地面，而且在松散的沙地上会移动得比较快。

冠蜥生活在水边的树上。受到捕食者威胁时，它会跳进水里，在水面上逃走。

来捉迷藏吧：爬行动物的伪装术

动起来能帮助爬行动物存活，但静止不动也是一种战术！ 许多爬行动物会通过体色和斑纹融入周围的环境中。全身布满棕褐色斑点的蛇能隐身在落叶中；灰色的蜥蜴则能在岩石堆中隐形。但有些爬行动物除了用保护色伪装自己，连体形和行为也有帮助隐身的作用。这能帮助它们躲避捕食者，还能不动声色地接近猎物。

有些爬行动物会模拟环境中的事物。藤蛇，正如它的名字形容得一样，看起来像一段细长的藤条。线纹平尾虎棕色的细小身躯停在树干上时，会和树皮融为一体。短吻鳄和鳄鱼会像浮木一样漂在水中，然后再张开血盆大口扑向猎物。

马加平尾虎是伪装界的超级巨星。它的身体和尾巴都很扁，外形像树叶，尾巴边缘还有缺口，像被虫咬过似的。

绿蔓蛇在中美洲和南美洲北部热带雨林的树枝上穿梭。由于外形像藤蔓，它在躲避捕食者的同时，也能悄悄接近猎物。连它的长舌头都是绿色的！

横斑隐鼓蜥生活在澳大利亚西部的干燥地区，粗短的身躯布满偏红色的斑点，让它能隐身在石地上。因此，有人称它为“卵石蜥”！

肯亚侏儒变色龙看起来就像一根小树枝，脸上凹凸不平的鳞片类似断枝的锯齿边缘，这样一身伪装能让它极好地隐身在灌木丛中。

自我防卫

静止不动、以伪装隐身是一种自我防卫的方式。逃走和躲起来也同样有效。例如，你可能会在池塘边听见扑通、扑通的声音——那是乌龟正从浮木上滑进水里。这些策略是许多爬行动物遇到危险时采取的第一道防线。

其他爬行动物有可以保护自己的装甲，免受捕食者的威胁。例如，箱龟会将头、脚和尾巴缩进坚硬的壳里，还可以把开口封住；澳洲魔蜥则是全身布满了尖刺。

许多爬行动物会让自己看起来比实际体形更大、更具威胁性。猪鼻蛇会吸气膨胀，把颈部弄扁，让自己看起来更宽大，并发出咝咝声。如果这不能吓退捕食者，它会换另一个策略：装死。它会应声倒下，伸出舌头，全身软趴趴地摊着。这一招之所以奏效，是因为许多捕食者只吃自己杀死的动物。

有些爬行动物也会警告捕食者。有时这些警告只是虚张声势，像娇小的睑拉美蜥会张开色彩鲜艳的嘴巴，表示“离我远一点！”，但它其实只会小口咬人而已。如果看到响尾蛇摇动尾巴，这种警告就是真的了。被它咬到不仅会很痛，还会被注入毒液。

其他爬行动物会亮出警戒色。金黄珊瑚蛇全身布满鲜明的红、黄和黑色条纹，这些条纹表示它有毒。但牛奶蛇等没有毒的蛇类也有这种条纹，它们靠模仿毒蛇的外观来保护自己。

两头沙蟒等爬行动物会用尾巴模拟头部，看起来就像有两个头。这个策略能欺骗捕食者攻击它的尾巴，而不是真正的头部，让它顺利脱身。尾巴虽然受了伤，但总比因重要的头部受伤而丧命好得多。有时候两个头还是比一个头强的！

刺尾鬣蜥是带有自我防卫武器的爬行动物之一。它有锋利的前爪和有力的牙齿，强壮的尾巴上还有尖锐的棘刺。受到攻击时，它会用尾巴横扫捕食者的脸。

叶尾虎的头和尾巴长得很像。被捕食者攻击时，它会断尾求生，带着最重要的头和躯干逃走！这种蜥蜴也被称为“澳洲叶尾守宫”。

当受到丛林狼或狗攻击时，角蜥的眼睛会喷血，这除了能吓到捕食者之外，喷出的液体中还含有令人恶心的化学物质。

栖息地：爬行动物的家

从温暖潮湿的热带雨林，到极度干燥的沙漠，爬行动物几乎能在地球上每一种栖息地上安家。只有在南极洲，或是海拔很高的冰川我们无法找到它们的踪迹。因为对“冷血”动物而言，那些地方实在太冷了。

分布在热带雨林的爬行动物种类最多，这里的爬行动物应有尽有：从能站在硬币上的迷你蜥蜴，到几乎和校车一样长的巨蟒；而世界各地的炎热沙漠中，则生活着大量的蛇、蜥蜴和龟；海洋中有海蛇和海龟；湖泊、河流和沼泽中有鳖、鳄鱼、蛇类和蜥蜴；小岛上则有奇特的爬行动物，例如魁梧的科摩多巨蜥。

连城市也是爬行动物的栖息地之一。比如东南亚常见的疣尾蜥虎，它的英文名为common house lizard（直译为家庭壁虎），就因为生活在人类的家中而得名。网斑蟒和水巨蜥在泰国曼谷市内的公园出没；意大利壁蜥原本生活于地中海的干燥岩石地区，人们在桥梁和墙壁等都市建筑中也能发现它的踪影。由于它经常在古老建筑的断壁残垣中出没，又被称为“废墟蜥蜴”。

相较于分布在大陆的近亲物种，生活在偏远岛屿的动物体形要么特别大，要么特别小。以加拉帕戈斯群岛为例，巨型龟可能更有生存优势。因为在缺乏食物和淡水的时候，它能比小型龟撑得更久。加拉帕戈斯象龟甚至可以一整年不吃不喝！

西藏的温泉蛇身形纤细，在温泉附近和海拔4270米以上的喜马拉雅山区生活，以青蛙和鱼为食。

角蝰生活在非洲的撒哈拉沙漠。它布满斑点的体色能和沙地融为一体。除了这一层伪装，它还会在沙地上滚动，直到自己浑身是沙，再静静等候猎物进入它的捕猎范围。

短吻鳄在湿地或是水道生活。它会用口鼻部和脚挖开烂泥和植物，建造自己专属的小池塘，称为鳄鱼洞。在其他水源都枯涸的旱季，其他动物也会到鳄鱼洞来喝水。

冬眠夏打盹

最适合爬行动物的栖息地是哪里？答案是热带。热带地区的气候终年温暖，变化不大，水气又充足。然而，生活在其他栖息地的爬行动物，就得忍受季节的交替。但是在气温降到冰点以下的严冬，这些变温动物要怎么存活呢？

它们会像一些哺乳动物一样，找个地方躲起来不活动，度过寒冷的冬季，这个过程称为冬眠。爬虫学家通常会用“冬天不活动”这个词来区别它们和哺乳动物的冬眠。毕竟，爬行动物在低温时，体温本来就会大幅降低，身体各项机能也会减弱，然而哺乳动物却并非如此。

爬行动物在进入冬眠之前会停止进食，寻找能够躲藏的地方。例如，条纹石龙子会躲到岩石下、腐烂的木头里，或是落叶堆下冬眠；几十条响尾蛇会聚在同一个洞穴里；箱龟会挖洞；水生乌龟会把自己埋在池塘或湖泊底部的淤泥下。

在冬眠期间，爬行动物不进食也不排泄，心跳和呼吸等身体机能也会慢下来。冬眠中的水生乌龟甚至不用肺呼吸，而是通过某个部位的皮肤、咽喉或尾部直接从水中吸收它需要的氧气。

爬行动物也能用夏眠的方式熬过极度炎热而干燥的天气。它们会躲进凉爽的地洞等地方休眠，直到干旱结束。

日本条纹石龙子在地洞冬眠，度过寒冷的严冬。

有些地方的爬行动物会聚在一起冬眠，这些共享的洞穴称为冬眠场所。美国各地的袜带蛇会聚集在冬眠场所中，春天才会再度现身。

魔蜥生活在澳大利亚的沙漠地区。在炎热的日子，它会躲进浅浅的地洞里避暑，但还是会口渴。没有水怎么办呢？别担心，澳洲魔蜥的身体表面有许多细沟，能将水分汇聚送进嘴巴。多亏了这些沟槽，在寒冷的夜里，它也能喝到从体表收集到的水滴。

澳洲扁头长颈龟生活在雨季期间形成的河流里。河流干涸时，它会把自己埋进地洞里夏眠。膀胱内储存的水分就足以供应它的身体所需了，它的夏眠状态甚至可以维持长达两年之久！

从蚂蚁到斑马：爬行动物吃什么

食物是爬行动物挑选栖息地时最重要的考虑事项之一。如果有一间专门为爬行动物开的餐厅，那菜单一定要非常多样，因为从昆虫卵、藻类、花朵到老鼠，甚至还有其他爬行动物都是它们爱吃的食物！

大多数蜥蜴主要以昆虫和其他无脊椎动物为食，例如蠕虫、蚂蚁、白蚁、蜘蛛、蛞蝓、蜗牛和蝎子。蚓蜥吃蠕虫、昆虫和幼虫，很多蛇类也以小型无脊椎动物为食，盲蛇主要吃蚂蚁和白蚁，盾尾蛇吃蠕虫。

棱鳞钝头蛇（又称食蛞蝓蛇）会一次吞下一堆蛞蝓。（猜猜看食蜗蛇吃什么？）许多幼蛇和刚孵化的鳄鱼也会吃昆虫。

对于许多爬行动物而言，脊椎动物是很重要的食物。许多蛇会吃老鼠等啮齿类动物，还有的蛇还会吃青蛙、鱼、爬行动物或鸟类。像蟒蛇这种巨蛇则可以吞食羚羊、山羊或其他大型哺乳动物。鳄鱼呢？它会吃上面提到的所有动物！体形最大的鳄鱼还能猎食鹿、斑马和水牛。有些爬行动物还会同类相食，像王蛇会吃其他蛇；蛇也会吃蜥蜴；大蜥蜴会吃小蜥蜴。

爬行动物的饮食也包含植物。许多乌龟是杂食性动物，会吃植物性和动物性食物。木雕水龟吃真菌，也吃蠕虫；海鬣蜥是严格的素食主义者，这种草食性动物会用牙齿把海藻从岩石上刮下来吃掉。

有些爬行动物会主动追捕猎物，而有的则是静静埋伏。变色龙就是守株待兔型的捕食者，它会一动不动地，只转动眼球搜寻目标。接着，它会在短短十六分之一秒内弹出比身体还长的舌头，用黏黏的末端粘住猎物，将其卷进嘴巴。

鳄鱼的饮食习惯取决于它的栖息地和体形。盾吻南美鼍（tuó）是一种小型鳄鱼，吃老鼠、鱼、虾和螃蟹。湾鳄是体形最大的鳄鱼，能吞下大型哺乳动物。但它和其他鳄鱼一样，遇上小鱼或其他“点心”时，也不会轻易放过它们。

成年的绿海龟是草食性动物，只吃藻类和海草。不过，绿海龟宝宝主要以螃蟹和其他无脊椎动物为食。

食卵蛇生活在非洲和印度部分地区。特殊的牙齿和喉咙的刺能压碎蛋壳，挤出蛋内容物。

被捕食的爬行动物

爬行动物以其他动物为食，其他动物也会猎食爬行动物。小型爬行动物是蜘蛛、螳螂、鸟类和丛林狼等捕食者的猎物，大型爬行动物则比较少受到捕食者的威胁，不过当它们还是幼体时，也和那些小家伙一样脆弱。

所有类型的栖息地都有捕食者会吃小型蜥蜴，走鹃和伯劳等鸟类最喜欢猎食它们。伯劳会用植物刺穿猎物，将其挂在那里，之后再回来享用。因此很多蜥蜴最终不幸沦为树上的“装饰品”！蛇类和其他蜥蜴也会以小型蜥蜴为食。

蛇类也会成为鸟类的食物。灰短趾雕专吃蛇类，它们在非洲和亚洲的部分地区出没，脚上长着厚厚的鳞片，让它们免受蛇咬的伤害。这些鸟类连在飞行时，也会先从猎物的头部吃起！

蚓蜥生活在地底下，可以躲避许多捕食者的攻击，而且大多数蚓蜥都有很强的咬合力。然而，还是有蛇类能制服蚓蜥的，这些蛇要么有强壮的颅骨和上下颚，要么能分泌极强的毒液。蚓蜥从地下来到地面上活动时，也会遭到其他动物捕食。

乌龟的壳有非常好的保护作用，但是对某些捕食者而言，龟壳不过就是一层包装。鲨鱼和杀人鲸会猎食海龟；胡兀鹫会把乌龟丢到岩石上，摔碎龟壳；鳄鱼和短吻鳄轻易就能咬碎龟壳。美洲豹等哺乳类捕食者有时也能突破乌龟的这层盔甲。

同样地，鳄鱼蛋和鳄鱼宝宝也是许多动物的食物，不过只有极少数的动物有能耐以成年鳄鱼为食。然而，凯门鳄等小型鳄鱼会被美洲豹和蟒蛇等大型捕食者捕捉，但是体形较大的成年鳄鱼都遭到了人类的猎捕。不管乌龟成体的体形是大是小，它们的主要天敌也是人类。

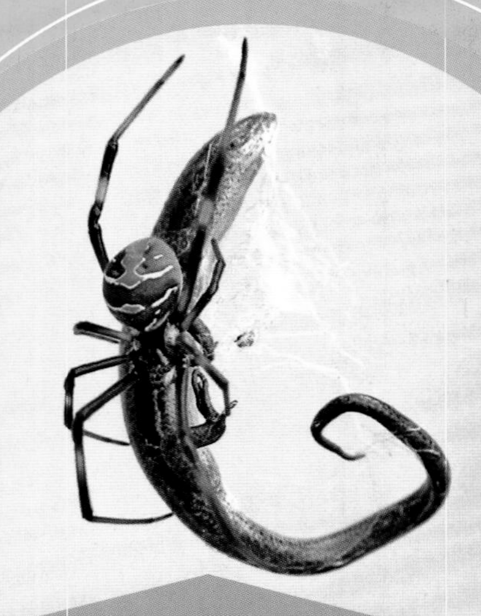

有些爬行动物真的很小，还会成为昆虫、蜘蛛和其他无脊椎动物的猎物。螳螂等大型昆虫除了会捕捉其他昆虫，也会捕食小蜥蜴。小蜥蜴甚至可能会被困在蜘蛛网上。

鳄龟吃蛇，许多蛇吃蜥蜴，有些蛇吃其他蛇。巨大的南美洲水蚺能杀死凯门鳄，澳洲的蟒蛇甚至会吃鳄鱼。反过来，鳄鱼也会吃蟒蛇。

乌龟蛋是浣熊等动物的大餐。浣熊、臭鼬、负鼠、熊和野猪会袭击密河鼍的巢，蚂蚁、臭鼬、鼬獾和蛇也会吃蜥蜴的蛋。

美国西南部的走鹃跑得很快，它吃蜥蜴、老鼠和蛇，连有毒的响尾蛇也不放过！这种鸟会咬住响尾蛇的头，反复撞击岩石来杀死它。

许爬行动物一个未来：保育工作

爬行动物已经在地球上存活数百万年了。化石显示，在这段漫长的时间里，大多数种类的动物都没有太大的改变，但如今却有五分之一的爬行动物濒临灭绝。恐龙是因为自然灾害而灭绝的，但现今爬行动物的困境都是人类活动引起的。

在一些国家，爬行动物遭到大量猎捕，被人类当作食物和用来制作皮革。某些爬行动物的身体部位甚至被做成纪念品和廉价的饰品，或被人们当作民间疗法的药材。爬行动物还经常被违法捕捉，当作宠物贩卖。

栖息地的丧失也对爬行动物造成了威胁。当一片土地被铲平，开发与建设成购物中心等设施时，爬行动物就被

加勒比海大开曼岛的蓝岩鬣蜥已经濒临灭绝。自从猫和狗被人类引进这个岛后，鬣蜥宝宝被大量杀害，栖息地也遭到了破坏，危害了鬣蜥的生存。到了2002年，岛上只剩下10~25只野生蓝岩鬣蜥了。幸好有保育工作的推行，在人工环境下孵育的鬣蜥长大后被野放，目前保护区内大约有800只野生蓝岩鬣蜥。

赶了出来。而火灾和环境污染也会摧毁它们的栖息地。

入侵物种（非原生于栖息地的动物）也会对爬行动物造成严重的威胁。老鼠会吃爬行动物的蛋和小型爬行动物。人类引进老鼠和其他哺乳动物，使岛屿上的爬行动物濒临灭绝，例如新西兰的喙头蜥。

幸好还有很多人致力于挽救爬行动物和它们的栖息地。他们教育民众，让大家了解爬行动物并不是令人毛骨悚然的邪恶动物——它们非常迷人，而且在栖息地中扮演着很重要的角色。举例来说，很多野生动物以爬行动物为食，它们灭绝后，这些捕食者就要饿肚子了。此外，爬行动物会吃老鼠和昆虫，可以控制对作物有害的动物数量。

防止生物灭绝的计划是野生生物保育工作的一环。动物保育工作除了要保护它们与所在的栖息地，让它们得以生存外，还要善用水等资源，这样才不会破坏我们的环境。

捕虾船使用海龟脱逃器，就是爬行动物保育工作的成功实例（请见左下图）。其他成功的例子还包括岛屿的灭鼠计划：20世纪80年代晚期，人们在新西兰的可拉布基岛进行灭鼠计划，杀死那些捕食原生野生动物的老鼠。老鼠消失后，原本濒临灭绝的石龙子数量逐渐上升。

我们可以借由保育爬行动物和它们的栖息地，让世界成为对所有生物更有利的环境——人类当然也算在内！

伊利湖水蛇生活在北美伊利湖的各个岛屿上。人类在它们的栖息地上大兴土木后，水蛇数量急剧减少。1999年，伊利湖水蛇被列为濒危物种。通过倡导蛇类知识教育和开展栖息地保育工作，水蛇数量已明显增加。2011年，它们被从濒危物种的名单中剔除。

左图中，伦敦动物园的研究人员正在测量一只菲律宾鳄的长度。菲律宾的许多湿地变成稻田后，这种鳄鱼便濒临灭绝。人类的猎捕也是造成它们数量减少的原因之一。如今，来自世界各地的保育组织和菲律宾政府与农民携手合作，守护鳄鱼和它们的栖息地，为这些爬行动物设立庇护所。保育湿地的同时也让其他动物受惠。目前大约有250只菲律宾鳄在野外生活。

意外被捕虾网困住的海龟常会溺死。因此现在的捕虾船通常都设置了“海龟脱逃器”，以金属棒阻挡海龟进入捕虾网存放虾子的地方，从网上的特殊空隙中逃出去。多亏了海龟脱逃器，97%被捕虾网捕到的海龟都能成功逃脱了。

蜥蜴、蛇和蚓蜥

有鳞目

蜥蜴大小事

蜥蜴、蛇和蚓蜥同属爬行动物的一个类群：有鳞目。其中蜥蜴大约有6000种，是拥有最多数量的种类，比哺乳动物的种类还多。而且，新物种还在不断地被发现。

澳洲红尾石龙子
（*Morethia storri*）
这只拥有火红色尾巴的石龙子被发现于澳洲北部，是1980年发现的新物种。

蜥蜴和鸟类一样，外形、颜色和纹路都具有丰富的多样性。它们的体形差异很大：西印度群岛的雅拉瓜壁虎能装进汤匙里，而体形最大的蜥蜴——印度尼西亚的科摩多巨蜥，则大到足以杀死一头水牛。

热带地区的蜥蜴种类和数量最多，但它们也能适应各种各样的栖息地和气温，甚至有一种蜥蜴能生活在北极圈内！

蜥蜴的鳞片大小不同，大多都有能闭合的眼睑，以及清楚可见的外耳。大部分的蜥蜴有四只脚，但还有几种蜥蜴的脚较少，甚至根本没有脚。它们的头骨和上下颚很灵活，所以嘴巴能张得很大。

蜥蜴和蛇类的体内构造也有差异：蜥蜴跟人类及大部分的脊椎动物一样，体内的构造左右对称，也就是说，大部分的器官都是成对的，且左右两边的器官很相似：蜥蜴有两个肺脏，左右各一个。然而，蛇有一个很长的右肺和很小的左肺（有的根本没有左肺），其他器官都排成一条直线，这样才能塞得进它细长的身体里。

蜥蜴和所有爬行动物一样有泄殖腔：泌尿、消化和繁殖系统共同位于尾部的一个开孔。

树蜥（*Calotes calotes*）
在繁殖季时，雄性树蜥橘色的头部会变得更明亮。

拉波德氏变色龙（*Furcifer labordi*）

拉波德氏变色龙的孵化期长达9个月，孵化后却只能活4~5个月。

横纹肢蛇蜥（*Diploglossus fasciatus*）

一只年幼的横纹肢蛇蜥停在巴西的一座森林的树叶上。

趾虎（*Phelsuma*
oediana）

残趾虎生活在毛里求
，是一种稀有植物的重
传粉者。

大角蜥（*Phrynosoma asio*）

墨西哥的大角蜥体长15~20厘米，是角蜥中体形最大的一种。

豹纹守宫

壁虎科

其他中文名：
斑脸虎、斑点宽尾壁虎、豹纹拟蜥、豹斑瞪虎

英文名：
leopard gecko

学名：
Eublepharis macularius

体长：
18~23厘米

食物：
昆虫、蜘蛛、蝎子、其他蜥蜴、蜗牛、鸟蛋和水果

栖息地：
岩石沙漠、干草原

分布范围：
亚洲、中东

小档案

豹纹守宫因身上布满斑点而得名。这些斑点有助于这种地栖性的蜥蜴在干热的栖息环境中，融入满是尘土与小石子的地面。它白天会待在阴凉的地洞或岩石底下躲避高温，等到凉爽的夜晚才出去猎食。

和许多蜥蜴一样，豹纹守宫也会把脂肪储藏在尾巴里。它的尾巴大小和形状看起来很像头部。它会通过这种自我防卫机制骗过捕食者，让它们攻击尾部而不是头部，然后它有一节脊椎骨沿光滑的关节面断开，让尾巴与躯干分离。脱落的尾巴还会扭动，以此吸引捕食者的注意，然后它们就能趁机溜走，逃过一劫！

这种断尾方式称为尾部自割，蜥蜴普遍都会采取这种逃生策略，而且只会流一点血，因为尾部肌肉收缩，血管也会迅速收缩，防止血液流到受伤部位。新的尾巴马上就会开始生长，大约两个月后，蜥蜴又会有一条新尾巴。虽然比旧尾巴短，也比较粗，但仍然是一条尾巴。

大多数壁虎没有可活动的眼睑，它们的眼睛上覆盖着一层透明膜，但豹纹壁虎的眼睑却可以开合。所以，它能眨眼，打盹时也可以闭上眼睛。

这只年幼的豹纹守宫体色明亮，没有斑点，只有深色的带状纹路，这些纹路会随着豹纹守宫的生长而逐渐消失。

刺毛的附着力极强，即使只用一根脚趾，壁虎也可以将自己挂在物体表面！当想要移动时，它也能轻易地脱离物体表面，脚趾也不会粘在一起。

大壁虎跟大多数壁虎一样，没有可开合的眼睑，眼睛上覆盖透明的鳞片。它常会把舌头当作雨刷，舔舐鳞片以保持干净！

大壁虎

壁虎科

大壁虎是世界上体形最大的壁虎之一。雄性比雌性体形稍大，颜色更鲜艳，而且还很吵！为了吸引雌性，雄性在繁殖季会发出响亮的交配声音。壁虎的英文名称“gecko”，也是壁虎叫声的拟音。

雌壁虎会在岩缝或是树皮下等隐秘的地方产下1~2枚卵。这些卵会粘在物体表面，并逐渐变硬。雌雄壁虎会共同看护卵，直至孵化。雌壁虎有时会把蛋产在条板箱上，这些箱子又被搬到船上，送到其他国家。如果新的栖地环境类似于原产地，孵出来的壁虎宝宝也能存活。

大壁虎和其他会攀爬的壁虎一样，脚上有宽宽的趾头。每一根脚趾上都布满突起的纹路，上面覆盖着数十万根超细的“毛发”，称为刚毛。这些刚毛像小扫帚一样，会再分枝成数百根小刺毛。

在范德华力（分子间作用力）作用下，刺毛扁平尖端的分子会被物体表面的分子吸引。虽然一根刺毛的作用力很微弱，但是数十亿根刺毛同时作用，就能让壁虎粘在物体表面，连玻璃这种光滑的表面也不例外。

小档案

其他中文名：
大守宫、蛤蚧、仙蟾

英文名：
tokay gecko

学名：
Gekko gecko

体长：
18~36厘米

食物：
昆虫、蝎子、蜥蜴；小型的蛇、鸟和哺乳动物

栖息地：
雨林

分布范围：
东南亚

纳米比阔趾虎

壁虎科

因生活在非洲南部的纳米比沙漠，因而阔趾虎又被称为“纳米比沙漠壁虎”。纳米比是一片非常干燥的沙漠，部分地区年降雨量不足5毫米。沙漠中的生物所需的水分主要靠来自沙漠西缘的大西洋沿岸的风吹来的雾气。

阔趾虎能在这片干燥的土地上生活。其身上斑驳的粉褐体色能让它在沙地上隐身，脚趾间有蹼，蹼上有坚韧的纤维和肌肉。它的脚部就像雪鞋，能让它在移动的沙上行走。

阔趾虎在夜间外出捕食昆虫，它用大大的双眼寻找猎物。夜晚天气凉爽，雾水会在壁虎体表凝结。每次舔掉眼睛上的露珠时，它都在补充水分！而身体额外需要的水分则从猎物身上获取。

小档案

其他中文名：
纳米比肥趾虎、纳米比沙漠壁虎、纳米比沙壁虎

英文名：
Namib web-footed geck

学名：
Pachydactylus rangei

体长：
10~15厘米

食物：
昆虫、蜘蛛

栖息地：
沙漠

分布范围：
非洲西南部

纳米比阔趾虎能把脚趾弯曲成铲子般的样子，在沙地上挖地洞。白天它躲在洞内躲避高温。

阔趾虎会产下两枚豆子大小的卵，并把它们埋到沙子下，原本具黏性的蛋壳很快就会硬化。

2011年铸造的印度钱币上出现了褶虎，这代表了生活在安达曼－尼科巴群岛的生物和这块领地属于印度。

褶虎广泛分布在东南亚地区，不同地区的个体在尾巴、脚部和体色上各不相同。有些科学家认为这些褶虎可能已经是不同的物种了。

褶虎

壁虎科

休息时，褶虎会紧攀在树上。它的身体紧贴在树干上，并延伸体侧、脚、尾巴和头部的皮肤，让身形变得比较不明显，这样就不容易被捕食者发现。棕灰色又布满斑块的体色也是很好的伪装。

但是当它从树梢上突然滑翔而下时，这种景象绝对不容错过！它会伸展脚和尾巴，让皮膜完全舒展开来，同时展开长着蹼的脚趾，再俯冲而下，仿佛背了降落伞一样。它也能短距离滑行，最后突然往上抬升，降落在另一棵树上。

空降和滑翔是褶虎躲避捕食者和到另一棵树上觅食的本领。东南亚茂密的雨林中，除了褶虎，还有其他会滑翔的壁虎。这里也是会滑翔的哺乳动物、青蛙，甚至蛇的家园！

小档案

其他中文名：
滑行壁虎、库氏飞蹼壁虎、库氏飞虎

英文名：
Kuhl’s flying gecko

学名：
Ptychozoon kuhli

体长：
18~20厘米

食物：
昆虫

栖息地：
雨林

分布范围：
东南亚

澳蛇蜥

鳞脚蜥科

其他中文名：
巴顿氏无脚蜥

英文名：
Burton's snake-lizard

学名：
Lialis burtonis

体长：
50~60厘米

食物：
壁虎、石龙子和蛇

栖息地：
干燥地区、林地和森林

分布范围：
澳大利亚、新几内亚

小档案

哪一种动物看起来像蛇却不是蛇？答案是澳蛇蜥！澳蛇蜥是蜥蜴的一种，但它没有前脚，后脚的位置只有小小的一对突起。它不能眨眼，那光滑的细长身躯看起来就像一条蛇。然而，它没有像蛇一样分叉的舌头。而且，它的头部两侧还能看见耳孔。

澳蛇蜥属于鳞脚蜥科。鳞脚蜥科大多以昆虫为食，不过澳蛇蜥会捕食其他蜥蜴，有时也会吃蛇。它的头骨和上下颚非常灵活，咬住猎物时，它的上下颚的前端能合闭，紧紧抓住滑溜溜且长满鳞片的爬行动物，然后将牙齿向内收起，就能顺利吞下猎物。如果猎物向外扭动身躯，它的牙齿会回到原位，不让猎物逃脱。强壮的舌头还能把猎物调整到适当的位置，将猎物从头吞下。

澳蛇蜥会躲在落叶堆中，躲避猛禽或其他捕食者。受到攻击时，它会迅速滑走，如果需要加速，它可以借助尾巴向前跳跃。

澳蛇蜥捕猎时先是安静潜伏，待猎物靠近后再猛扑上去。又长又尖的口鼻部让它能迅速捉住猎物。一看它肌肉发达的舌头，以及头部的耳孔，你就能知道它并不是蛇。

无脚蜥蜴的后脚只不过是小小的鳞片状突褶，因此称为“鳞脚蜥科”。鳞脚蜥科的学名为“Pygopodidae”，意思是“残留的脚”。

不是所有的美洲鬣蜥都是绿色的。秘鲁的美洲鬣蜥通常是蓝绿色的，有的有蓝黑色斑纹。中美洲的美洲鬣蜥身上可能还有红色和橘色。

在繁殖季，雄性美洲鬣蜥的体色会变成橘色。为了吸引雌性，它常会站在枯死的树上或其他显眼的位置，快速摆动头部。

美洲鬣蜥

美洲鬣蜥科

长得像龙的美洲鬣蜥隐身在雨林的树梢上，分布在中美洲、南美洲和加勒比海地区。但是和故事里的龙不一样，美洲鬣蜥不是捕食者。这种大型蜥蜴和其他鬣蜥一样，都是草食性动物。（不过，刚孵化的美洲鬣蜥宝宝会吃昆虫。）

鬣蜥是社会性的动物，这一点和大部分蜥蜴不同。它们常常聚集在水边的树上晒太阳，遇到捕食者，就跳进水里，摆动强壮的长尾巴游走。曾有人看到鬣蜥从12米高的地方掉到坚硬的地面后，毫发无伤地跑走。就算被捉住，它也不会束手就擒，因为它有耙状的脚爪、锋利的牙齿，以及像鞭子一样的尾巴。

有些人喜欢养鬣蜥，不过照顾它并不容易，只有经验丰富的人才明白如何饲养它。遗憾的是，有些人轻率地开始饲养后，才明白它们需要特殊照顾，于是便放任它们在野外生活，造成美国佛罗里达州和夏威夷等温暖地区的野外出现美洲鬣蜥族群。但在中南美洲，美洲鬣蜥却被当作食物而不是宠物！有时它们被称为“树上的鸡肉”。

小档案

其他中文名：
美洲绿鬣蜥

英文名：
green iguanas

学名：
Iguana iguana

体长：
1.5~2米

食物：
果实、花和树叶

栖息地：
靠近水源的森林

分布范围：
从墨西哥到南美洲、加勒比海地区、美国佛罗里达州和夏威夷

钝鼻蜥

美洲鬣蜥科

小档案

其他中文名：
加拉帕戈斯海鬣蜥、海髭蜥
英文名：
Galápagos marine iguana
学名：
Amblyrhynchus cristatus
体长：
1~1.7米
食物：
海藻等
栖息地：
岩岸
分布范围：
加拉帕戈斯群岛

“恶心又笨手笨脚的蜥蜴！”1835年，英国科学家查尔斯·达尔文在加拉帕戈斯群岛第一次看见钝鼻蜥时，是这样形容它们的。但是，有一个描述更适合这种与众不同的蜥蜴——“迷人而又独特”，因为它是世界上唯一一种会游泳、能在海中觅食的蜥蜴。

跳入冰冷的海水前，钝鼻蜥会先晒太阳，利用深灰色或黑色的皮肤吸收热能。游泳时，它会左右摆动扁平的尾巴，还会用尖锐的牙齿把水中岩石上的海藻刮下来吃。浮出水面后，它会爬回深色的火成岩上，用弯曲的锐利脚爪紧紧抓住岩石，让身体暖和起来。夜晚气温降低时，钝鼻蜥会挤在一起睡觉。

到了交配季节，各个岛上的雄钝鼻蜥会变成红色、绿色，或是两种颜色都有。它们在求偶时，会缓缓爬向雌性并摇晃头部。一个月后，会变成雌钝鼻蜥对彼此摇晃头部，因为它们要争夺在沙地上产卵的位置。在这种情境中，摇晃头部则表示“请离开！”，产卵后，雌钝鼻蜥会守护它的巢好几天。几个月后，钝鼻蜥宝宝孵化出来，就必须自力更生了。它们会趁退潮时，吃岩石上的海藻。

海水是咸的，所以钝鼻蜥吃海藻时，也吃进了大量的盐，使血液的盐分提高。钝鼻蜥鼻子上的腺体能滤出过多的盐，这些盐被用打喷嚏的方式排出去。喷出去的盐若是落在鬣蜥的头部，干掉后会形成白色的头盔！

钝鼻蜥在食物短缺时身形会“缩水”！科学家发现，海藻的供应量连续两年因洋流改变而减少后，鬣蜥的体长就变短了。体形较小，所需要的食物也比较少，因此“缩水”能帮助钝鼻蜥存活。食物充足时，钝鼻蜥会再次长大。

年幼的飞鼬蜥身上有斑纹，尾巴的条纹非常明显。雌鬣蜥成体身上的斑纹比较浅；雄鬣蜥成体的头部和前肢是黑色的，身体中间则是橘色或红色的。
飞鼬蜥的英文名——chuckwalla取自美国土著居民对飞鼬蜥的称呼，他们把飞鼬蜥当作食物，还用这种蜥蜴编故事和制作艺术品。

飞龃蜥

美洲鬣蜥科

健壮的飞龃蜥生活在岩石区。它在岩石上晒太阳，在岩石间寻找阴凉处；冬季在岩石间冬眠；遇到危险就钻进岩石间的裂隙，把自己变成一个气球般的爬行动物！它会振动脸颊和咽喉，让更多空气进入肺部，吸入比平常多四倍的空气，让身体鼓胀起来，紧紧地卡在岩缝中，这样捕食者就无法把它拉出来了。

难怪飞龃蜥的皮肤会垂下来，特别宽松，像穿了一件特大号的衣服，因为这样可以让它有足够的空间膨胀。它的全身覆盖着很多粗糙的鳞片，以增加身体跟岩石间的摩擦力，它还能用强壮的脚爪抓住岩石。

飞龃蜥是美国体形第二大的蜥蜴，最大的是钝尾毒蜥（请参考第112~113页）。飞龃蜥以花、树叶和果实为食。沙漠中水资源缺乏，但飞龃蜥能从食物中得到需要的水分。为了减少水分流失，它会像鸟类一样排出浓度高、浓稠的排泄物，而不是液体状的尿。这个过程会使它血液中的盐分过高，所以它必须用鼻子排出过量的盐。这就是为什么有时飞龃蜥的鼻孔周围是白白的！

小档案

其他中文名：
查克沃拉鬣蜥、胖身叩壁蜥

英文名：
chuckwalla

学名：
Sauromalus ater

体长：
28~42厘米

食物：
树叶、果实、花和嫩芽

栖息地：
开阔的岩石区、有岩丘的沙漠

分布范围：
美国西部、墨西哥北部

绿安乐蜥

鬣鳞科

小档案

其他中文名：
美洲变色龙、卡罗来纳变色龙

英文名：
green anole

学名：
Anolis carolinensis

体长：
13~20厘米

食物：
昆虫、蜘蛛和小螃蟹

栖息地：
林地、花园和公园

分布范围：
美国东南部

如果你是一只绿安乐蜥，那么不管是栅栏、屋顶、墙壁、树枝或是树干，都是晒太阳和捕猎的好地方。这种蜥蜴在美国东南部很常见，它们在公园、花园、沼泽和林地间自在地生活着。

绿安乐蜥很擅长攀爬，甚至能像壁虎一样在玻璃上行走。在阳光下做日光浴时，它们会变成鲜绿色；而在冷天气或阴影下则会变成褐色。绿安乐蜥的体色也会受心情影响。雄性绿安乐蜥在向入侵地盘的雄性挑战时，体色会在盛怒下变成鲜绿色，同时还会秀出喉部亮粉色的肉垂。在吸引异性蜥蜴时，雄蜥蜴也会秀出肉垂。

绿安乐蜥是美国唯一的本土变色蜥，其他种类的变色蜥生活在西印度群岛和中南美洲。不过，也有些外来的变色蜥出现在美国部分地区，它们通常都是被饲主放生，或是自行逃脱到野外的。外来物种对原生物种的危害极大，例如19世纪晚期，古巴的安乐蜥偷渡到美国，占据了绿安乐蜥生活的领地，还吃它们的蛋，抢它们的食物。

雄性安乐蜥在打斗过程中会变换很多次体色。战斗结束后，胜利的雄性安乐蜥的体色会变成鲜艳的绿色，失败的一方则会变成褐色。

雄性绿安乐蜥会秀出肉垂，但雌性的肉垂则相对小得多。不同物种的变色蜥肉垂的颜色和纹路各不相同，有助于变色蜥辨识其他同种的个体。

雄性项圈蜥会张大嘴巴互相威吓，嘴里鲜艳的色彩展示着其强壮的上下颚肌肉。通常在争斗真正爆发以前，其中一方就会知难而退。

项圈蜥全速奔跑时，速度可达每小时26千米。在两种情况下项圈蜥会全速奔跑：躲避捕食者，或为了将侵入领地的雄性蜥蜴赶跑。

项圈蜥

项圈蜥科

项圈蜥因其颈部的黑白颈圈而得名。雄性项圈蜥身上呈鲜艳的蓝色和绿色，还有斑点点缀其间，头部和脚部的颜色则为黄色或橘色。雌性蜥蜴的体色比较暗淡，但是当体内有卵时，它的身侧会点缀橘色斑点。

这种蜥蜴在白天相当活跃，不是在寻找食物，就是在岩石上晒太阳。捕食者靠近时，它会迅速躲到岩石间。它的后脚比前脚长，只用后脚奔跑可以更快。项圈蜥甚至能用后脚从一块石头跳到另一块石头上，就像爬行动物版的袋鼠。

“项圈蜥”这个名称也用于同属的其他蜥蜴，例如，美国西部的大盆地项圈蜥，以及墨西哥和美国亚利桑那州的索诺拉沙漠项圈蜥，这两种蜥蜴过去被认为是项圈蜥的亚种。

项圈蜥以凶猛著称，受到威胁时，它会毫不犹豫地咬下去。它演化出了能够咬碎其他蜥蜴的上下颚，咬合力惊人！

小档案

其他中文名：
东方环颈蜥、俄克拉荷马环颈蜥、叫山轰鸣蜥

英文名：
common collared lizard

学名：
Crotaphytus collaris

体长：
20~36厘米

食物：
昆虫、蜘蛛、蜥蜴、小蛇、花、浆果和树叶

栖息地：
森林、干草原、沙漠灌木林、岩石遍布的山坡

分布范围：
北美洲中西部和西部

山短角蜥

角蜥科

山短角蜥的头部和颈部长着棘刺，看起来就像一只迷你三角龙。它的背部、身侧和尾巴也布满尖刺，对捕食者来说，全身铠甲的山短角蜥吃起来口感可不怎么样。但前提是，捕食者能找到山短角蜥。因为它的体色与周围环境中的泥土和砂石非常相近，因而有了完美的伪装。不过，一旦被捕食者发现，山短角蜥会拔腿就逃。

山短角蜥陷入险境时，还有几招妙计：它的身体会膨胀成原本的两倍大，这样既不易被抓，也很难被吞下去。它也会张大嘴巴，发出咝咝声，朝敌方冲过去。但最诡异的是，它能从眼角喷血，用这招对付狗、狐狸和丛林狼十分有效！山短角蜥的血液对这些动物的嘴巴有刺激性，可以让它们退避三舍。不过，它并不会对蛇和鸟这些捕食者喷血。

北美洲和中美洲有十几种角蜥，它们也是全身长角，但只有几种会喷血。它们以昆虫、蚂蚁为食。一只饥饿的山短角蜥会蹲在蚂蚁的足迹旁，在行进的蚂蚁列队通过时，把它们吃下肚。它一天可能会吃超过200只蚂蚁。

其他中文名：
大短角蜥、赫南德斯氏短角蜥、角蟾蜍

英文名：
short-horned lizard

学名：
Phrynosoma hernandesi

体长：
9~15厘米

食物：
主要吃蚂蚁，也吃其他昆虫、蜘蛛和蜗牛

栖息地：
大草原、沙漠灌丛、林地、山腰上的干燥区域

分布范围：
北美西部，从加拿大南部一直到墨西哥中部

山短角蜥头部血压升高时，小血管中的血液就会喷出去。山短角蜥能把血喷射到9~15厘米高。

雌性山短角蜥会直接生出宝宝，但蜥蜴妈妈不会照顾它们，宝宝出生后需要自力更生。

许多哺乳动物、鸟类、鱼类和爬行动物都会表现出“我看见你了！”的信息，想让捕食者放弃追捕。例如膝虎在逃跑前，会先摇尾巴。
雄性斑尾蜥的体色比雌性的鲜艳，侧边有两条深色的带状纹路。在繁殖季，雄性的身侧还会出现蓝色的斑块。

斑尾蜥

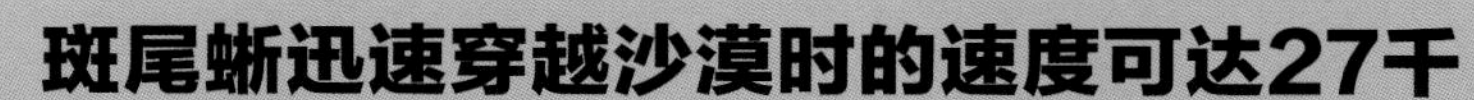

角蜥科

斑尾蜥迅速穿越沙漠时的速度可达27千米/小时。它通常会在昆虫经过时扑上去或是跳到空中捕捉昆虫，因而它高速狂奔并不是为了追捕猎物。它之所以快速奔跑，是为了躲避蛇、走鹃、狐狸、丛林狼和大型蜥蜴等捕食者。

但是在起跑前，它会先摆动那有着醒目条纹的尾巴。逃跑过程中停下来时，它也会摇摇尾巴，向捕食者表示："我看见你了，也知道你在追我。但你最好放弃吧！因为你现在不能偷偷接近我了。"

清晨，其他蜥蜴都还没有现身时，斑尾蜥就起来觅食了。但在寒冷的早上，它也会睡懒觉！气温上升后，它才出去晒太阳。对于沙漠的高温，它已经适应得很好了，几乎整天忙个不停。不过在最热的时候，它还是会躲在灌木丛下。站在滚烫的沙地上时，它的脚趾会弯曲，把尾巴举在半空中，减少接触地面的面积。其他很多蜥蜴也有类似的行为，例如澳洲的环尾鬣蜥。

小档案

其他中文名：
无

英文名：
Zebra-tailed lizard

学名：
Callisaurus draconoides

体长：
15~23厘米

食物：
昆虫、蜘蛛、蜥蜴，有时也吃树叶、花和果实

栖息地：
沙漠、干涸的河床

分布范围：
美国西南部、墨西哥北部

黄头点尾蜥

嵴尾蜥科

其他中文名：
亚马孙棘尾鬣蜥、
棘尾鬣蜥

英文名：
tropical thornytail lizard

学名：
Uracentron flaviceps

体长：
10~20厘米

食物：
昆虫，主要是蚂蚁

栖息地：
亚马孙雨林

分布范围：
南美洲西北部

黄头点尾蜥让研究它的爬虫学家吃足了苦头！因为它生活在亚马孙雨林高耸的树顶上，有些树木甚至有60米高。但它并不是随便生活在哪棵老树上：树干和树枝要有凹凸不平的厚树皮，以供它藏身。此外，这棵树上还要有让它生活的树洞。

这样的树就是黄头点尾蜥的王国，你一眼就能看出哪只蜥蜴是“老大”。统治这棵树的“老大”是一只头部呈橘色，身躯呈黑色的雄性蜥蜴。树上的雌蜥蜴和年幼蜥蜴的体色，则是棕色底加上淡黄色斑点。如果树上还有其他成年雄蜥蜴，它的体色也和雌蜥蜴的一样。

一只雄性蜥蜴通常会和好几只雌性蜥蜴及小蜥蜴一起生活，一棵树可能就住了20只蜥蜴。雌蜥蜴会在很深的树洞里产卵，一次最多产下2枚蛋。研究人员曾在一个巢里发现了14枚蛋，因此他们猜测，树上所有的雌蜥蜴可能都把蛋产在同一个洞里。

黄头点尾蜥最喜欢的食物——蚂蚁也会在树梢上筑巢。黄头点尾蜥与角蜥还有其他地栖性的蜥蜴一样，会坐着等待蚂蚁经过，再把它们一口吞下。

科学家仍不确定黄头点尾蜥那又宽又扁、长满了棘刺的尾巴有什么作用。这种形状可能有助于它吸收阳光的热能，让黄头点尾蜥的身体更快地暖和起来，或是用来挡住藏身处的入口。

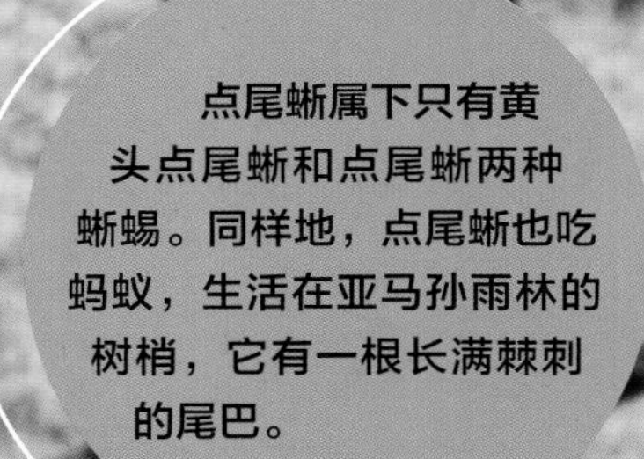

点尾蜥属下只有黄头点尾蜥和点尾蜥两种蜥蜴。同样地，点尾蜥也吃蚂蚁，生活在亚马孙雨林的树梢，它有一根长满棘刺的尾巴。

双嵴冠蜥的英文名字叫“basilisk”，是源自古希腊罗马神话的生物。传说，这种蛇怪只用眼神或气息就可以杀死其他动物。
双嵴冠蜥可以用脚拍击水面，把水推开，并在脚的周围形成气囊，防止它沉入水中。水涌进气囊以前，它就会迅速抬脚。但这招只有在高速奔跑时才有效。

双嵴冠蜥

海帆蜥科

如果让朋友画一条龙，你可能会看到只出现在故事中的生物，而且长得很像双嵴冠蜥。在中美洲雨林的雄性双嵴冠蜥的背部和尾部，各有一片棘状的构造，头上还有冠状结构。不过，雌性蜥蜴则没有这些装饰。

双嵴冠蜥是最知名的蜥蜴之一，因为它在摆脱危险时，能在水面上奔跑。如果一条饥饿的蛇缠绕在同一条树枝上，它会跳进水里。一碰到水，它就拔腿狂奔，同时抬起上半身、前脚和尾巴，用后脚猛地划水。当它冲过水面时，长长的尾巴能帮助它保持平衡。

多亏了脚趾的特殊构造，双嵴冠蜥才能在水面上奔跑。脚拍击水面时，脚趾边缘的穗状构造会张开，支撑蜥蜴的重量。水涌进脚上的气囊以前，蜥蜴会迅速抬脚，这时候穗状构造会平顺地折起来，让脚趾呈流线型线条，从而使蜥蜴快速移动。

在沉入水中开始游泳前，双嵴冠蜥大约能在水面上奔跑4.6米。

小档案

其他中文名：
绿冠蜥、双冠蜥、耶稣基督蜥

英文名：
plumed basilisk

学名：
Basiliscus plumifrons

体长：
60~70厘米

食物：
昆虫、蜗牛、鱼、青蛙、小型蜥蜴、果实和花朵

栖息地：
雨林，靠近水边的区域

分布范围：
中美洲、南美洲北部

鬣蜥

鬣蜥科

其他中文名：
彩虹蜥蜴、红头岩石飞蜥、红头飞蜥、家飞蜥、飞蜥

英文名：
rainbowagama

学名：
Agama agama

体长：
23~30厘米

食物：
昆虫、小型爬行动物、植物

栖息地：
开阔的岩石区、沿岸林地、稀树草原、城镇地区

分布范围：
撒哈拉以南的非洲地区

这种蜥蜴虽然又叫彩虹飞蜥，但并不是所有的蜥蜴都像彩虹般色彩斑斓。雌性的体色是暗淡的棕色底加上斑点；雄性的身躯是蓝色或紫色的，头部是红色或橘色的，有时头部的颜色还会延伸至肩部、前脚和身侧，尾巴也有各色斑纹，看起来像一道彩虹。

但并不是所有雄性个体的体色都这么缤纷。只有拥有统治权的雄蜥蜴才能披上这件彩色斗篷，并占据最高、最好的位置，和雌蜥蜴及小蜥蜴在布满岩石的领地内共同生活，其他蜥蜴只能将就次好的位置。但是连七彩的雄性蜥蜴也有失去光彩的时候：入夜或天气变凉时，它的体色会变得比较暗淡。

如果统领的雄性蜥蜴被挑战，就会爆发一场争斗。两只蜥蜴会咬来咬去，也会用尾巴攻击对手。鬣蜥的尾巴比身体还长，让对手望而生畏——除非尾巴在打斗中断掉。许多年纪较大的雄性鬣蜥经过一生的战斗，尾巴会比较短。获胜的雄蜥蜴会秀出靓丽的体色，落败的一方则会变成单调的棕灰色，偷偷摸摸地溜走。

鬣蜥是活跃的捕食者，它会追捕昆虫，甚至会跳到空中捕食昆虫。

雌性鬣蜥会在潮湿的土壤挖洞，并在里面产下最多8枚蛋。温度会决定蜥蜴宝宝的性别：29℃以上时，孵出来的会是雄性。

因为常常在城里的墙壁或建筑物上晒太阳，鬣蜥又称为“家蜥”。1997年，西非的几内亚共和国发行的一套邮票中，就有一张上面印着这种在当地很常见的鬣蜥。

斗篷蜥的体色从灰色到棕色，各不相同。它的皮褶有些部分有橘色和黑色的斑点，皮褶折起来时，就像一件斗篷。

2013年，澳洲发行了一系列的本土爬行动物的纪念银币，第一枚银币上的图案就是斗篷蜥。

斗篷蜥

鬣蜥科

斗篷蜥大部分时候都一边惬意地闲逛，一边捕食昆虫和其他小型猎物。它看起来不过是一只颈部披着披肩的大蜥蜴，不过，一旦有捕食者接近……小心！它会突然用后脚站立，张大嘴巴发出咝咝声，并展开头部两侧的巨大皮褶。

这威吓的架势足以让澳洲野犬等捕食者停下脚步。捕食者受到惊吓时，它就赶紧逃走。它逃跑时会转动后脚飞快前行，因此获得了“脚踏车蜥蜴”的昵称！它会一路狂奔到一棵树下，再爬到安全的树上。

斗篷蜥本来就比较喜欢待在树上。只有发现昆虫时，它才会从树上爬下来，用后脚迈开大步追捕虫子。雌性斗篷蜥会把蛋产在地下的巢里。在旱季，斗篷蜥会在高耸的树洞里蜷起身子开始夏眠，直到潮湿的天气再度降临才会出来。

雄性和雌性斗篷蜥的颈部都有皮褶，但整体而言，雄性的皮褶比较大。交配季节时，雄性蜥蜴在争夺地盘时，会对敌手展开皮褶。皮褶能帮助斗篷蜥在体温偏低时吸收更多阳光，也有助于体温过高时散热。

小档案

其他中文名：
澳洲斗篷蜥、褶伞蜥、伞蜥蜴

英文名：
frilled lizard

学名：
Chlamydosaurus kingii

体长：
60~90厘米

食物：
昆虫，有时会吃小型蜥蜴和哺乳动物

栖息地：
干燥的森林

分布范围：
澳洲北部、新几内亚南部

飞蜥

飞蜥科

其他中文名：
滑翔蜥蜴、飞龙、飞龙蜥

英文名：
flying dragon

学名：
Draco volans

体长：
20厘米

食物：
昆虫，主要是蚂蚁

栖息地：
雨林

分布范围：
东南亚、印度南部

对于蜥蜴而言，从一棵树上下到地面上，再从地面移动到另一棵树上，可能是一次危机四伏的旅程。因为它可能会被地栖性的捕食者捉住；此外，爬上爬下也会消耗体力。不过，飞蜥却没有这种困扰。正如它的名字一样，它可以用滑翔的方式，从一棵树飞到另一棵树上，免去上述两种困扰。

事实上，飞蜥并没有翅膀，也不能振翅而飞，它靠滑翔来移动。当它将覆盖着薄薄皮膜的长肋骨伸开来，就像雨伞的伞骨和布料一样。肋骨间的皮膜称为翼膜。在休息的时候，翼膜会折叠起来；要滑翔的时候，飞蜥会展开翼膜，从树上一跃而下。向下滑行时，它的尾巴可以操纵方向，使飞蜥最后降落在树枝或树干上。飞蜥大约能滑翔9米，有时更远！曾经有人目睹了一只飞蜥滑翔了17米的距离。

飞蜥的翼膜通常是橘色的，带有深色斑点。世界上有超过40种飞蜥都会滑翔，有的翼膜是黄色，有的是蓝色。有趣的是，这些家伙有这种能力，却只喜欢坐着等蚂蚁经过，几乎动也不动地就把猎物吞下肚。

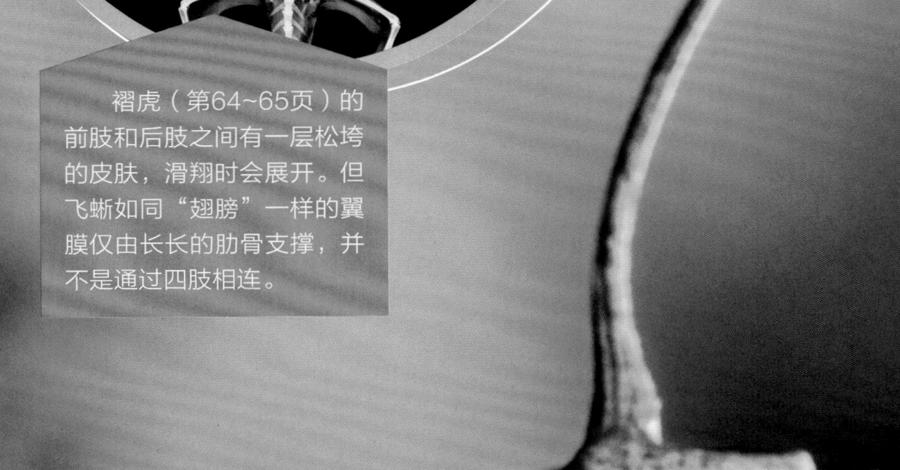

褶虎（第64~65页）的前肢和后肢之间有一层松垮的皮肤，滑翔时会展开。但飞蜥如同“翅膀”一样的翼膜仅由长长的肋骨支撑，并不是通过四肢相连。

雄性飞蜥的颈部有一块巨大的肉垂，张开就像一面“旗帜”。在追求雌性时，它会开合这面旗子，也会通过这种方式威吓入侵地盘的雄性飞蜥。

雌性菲律宾海蜥会在溪流或者河岸边上产卵，它们小心地把蛋埋在洪水淹不到的地方。因为如果蛋泡在水中的话，是无法存活的。
谁有多余的皮褶？答案是长棘龙。这种史前动物比恐龙还早出现，它的帆状构造过去被认为和体温有关，但令人惊讶的是，它其实和孔雀的尾羽一样，只是因为好看。

菲律宾海蜥

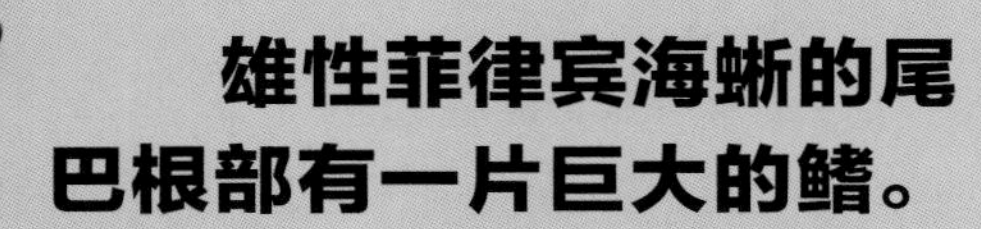

雄性菲律宾海蜥的尾巴根部有一片巨大的鳍。雌性蜥蜴的鳍相对小得多。无论雄性还是雌性，它们都和冠蜥（第84~85页）一样，脚趾边缘有穗状的构造。成体不会快跑，但是体重较轻的小蜥蜴却是杰出的短跑选手。幼体能在水面上奔跑，躲避鸟类、蛇等捕食者。

大部分的时候，菲律宾海蜥都待在溪流或小河上方低垂的树枝上。如果捕食者悄悄爬上同一根枝条，它便跳进水里，游到水底，最多躲上15分钟。和其他水栖蜥蜴一样，菲律宾海蜥靠左右摆动尾巴来游泳，它那根扁平的尾巴可是一支完美的桨。

菲律宾海蜥的尾部像帆一样的鳍不能当帆用，那它有什么作用呢？一个假说是它能帮助蜥蜴调节体温。薄薄的帆是很大的一片，能吸收更多阳光的热能；而蜥蜴体温偏高时，凉风吹过帆面，也有散热效果。那为什么雄性蜥蜴的帆会更大呢？也许是帆对其他雄性有威吓的作用，同时也能用来追求雌性。

鬣蜥科

小档案

其他中文名：
斑帆蜥、帆鳍蜥、横纹长鬣蜥

英文名：
Philippine sailfin lizard

学名：
Hydrosaurus pustulatus

体长：
0.8~1米

食物：
树叶、花朵、果实、昆虫、鱼和青蛙

栖息地：
溪边或河边的森林

分布范围：
菲律宾

魔蜥

鬣蜥科

小档案

其他中文名：
棘蜥、澳洲棘蜥、山魔、多刺魔蜥

英文名：
thorny devil

学名：
Moloch horridus

体长：
15~18厘米

食物：
蚂蚁

栖息地：
沙漠

分布范围：
澳大利亚西部和中部

没有任何一种爬行动物像魔蜥一样浑身是刺！从吻部到尾巴，尖锐的棘刺遍布它的全身。魔蜥遇到捕食者时，会把头埋进前脚间，让颈部满是尖刺的隆起部位向外突出，很少有动物敢吞下这种全身是刺的猎物！然而，大型蜥蜴和鸟类会捕食魔蜥。

它身上的棘刺不但可以防身，还能在干燥的沙漠栖息地收集水分。它的棘刺和皮肤上布满细沟，能将身体各处收集到的水送进嘴里。雨水、露水，甚至从潮湿的沙地收集到的水分，都会沿着这些沟槽流动。这套集水系统非常有效率，魔蜥把尾巴末梢浸入水中一会儿，全身的皮肤都会变湿润。

魔蜥并不像名字所示，事实上，它一点儿也不邪恶。它是非常平静而动作缓慢的小型蜥蜴，以蚂蚁为食。对于魔蜥而言，“一顿大餐”就是在行进的蚂蚁队伍旁等待，用有黏性的舌头卷起赶路的小蚂蚁，一次一只慢慢地享用。它每分钟能吃25~45只蚂蚁。照这样的速度，它一顿能吃下2500只蚂蚁。

魔蜥和北美的角蜥为了适应干热的栖息地，演化出了相似的身体构造和行为。它们是“趋同进化”的实例，指的是两种生活在类似栖息地的动物，各自进化出相似特征的过程。

魔蜥的体色会随着活动量和气温改变。温暖而忙碌的个体可能是黄色、浅棕色或红色；寒冷或者受惊的个体则会变成深棕色或橄榄绿。

变色龙一只脚是两趾并在一起，另一只是三趾并在一起。这种像连指手套般的脚能帮助它抓紧树枝，在上面行走。

从这只变色龙的大角我们可以知道它是雄性。雌性尖嘴避役的鼻子上方和头部两侧可能有小角，也可能没有。雄性的身体可能是全绿色的，或是头部带点蓝色、侧边带些黄色。

尖嘴避役

避役科

雄性尖嘴避役看起来就像犀牛和公牛的混合体。两只角从眼睛上方向外突出，第三支角则从鼻子向外延伸。如果两只变色龙在同一根枝条上相遇时，它们会头对头用角推撞、戳击对方，想把对手推下树枝。

雌性尖嘴避役没有大角，但头部和雄性一样有盾状构造。大多数变色龙都会下蛋，但是尖嘴避役是少数能直接产下幼体的种类。它会让发育中的卵在体内待上6个月，一产卵就同时孵化，雌性一胎可以产下40个宝宝。

尖嘴避役原产于东非，如今在美国夏威夷也能发现它的踪迹。1972年，10多只变色龙从夏威夷一家宠物店的后院逃脱，在夏威夷的森林中繁衍生息，因为这里的环境和东非的栖息地非常相似。夏威夷当地并没有原生的陆栖爬行动物，所以这些逃脱的变色龙和它们的后代被视为有害动物。当地政府还制定了相关法律条款，预防这些变色龙在夏威夷随意扩散，所以，如果谁将这些变色龙从一座岛运到另一座岛，他将会触犯法律。

小档案

其他中文名：
杰克森变色龙

英文名：
Jackson's Chameleon

学名：
Trioceros jacksonii

体长：
20~30厘米

食物：
昆虫、蜘蛛、蜗牛

栖息地：
山地森林

分布范围：
非洲东部、夏威夷

许多变色龙有长“角”，但只有尖嘴避役等少数几种变色龙的角里有骨质核心。其他变色龙的角大多都从皮肤长出来，是一种柔软的鳞状构造，例如长鼻变色龙口鼻部的角。

盔甲避役

避役科

其他中文名：
高冠变色龙
英文名：
veiled chameleon
学名：
Chamaeleo calyptratus
体长：
25~61厘米
食物：
昆虫
栖息地：
近海岸的山地与低地
分布范围：
也门、沙特阿拉伯

小档案

盔甲避役高高的头冠，看起来就像戴了头盔。从隐约的小隆起到巨大的头盔，变色龙的头冠有大有小，而雄性盔甲避役的头冠是所有变色龙中最大的。

雄性盔甲避役威吓入侵领域的其他雄性个体时，它的头冠和身体会变成各种鲜艳的颜色。如果绚丽的体色、卷曲的尾巴和紧握的脚不能驱离入侵者，它可能会用头部撞击或者张口咬对方。

盔甲避役生活在树上或灌木丛中，捕食昆虫，饮用树叶上的水珠。在干旱季，它也吃树叶，因为树叶的细胞中含有水分。它扁平的身形再加上绿色的体色，看起来就像一片叶子，尤其当它在树枝上微微摇晃身体时，更像被微风吹动的树叶。

盔甲避役有时会被当作宠物饲养，不过照顾起来可不容易，它们逃脱后还会引发环境问题。目前在美国的佛罗里达州和夏威夷都有逃到野外的盔甲避役，它们会捕食当地原生的昆虫和小型鸟类。

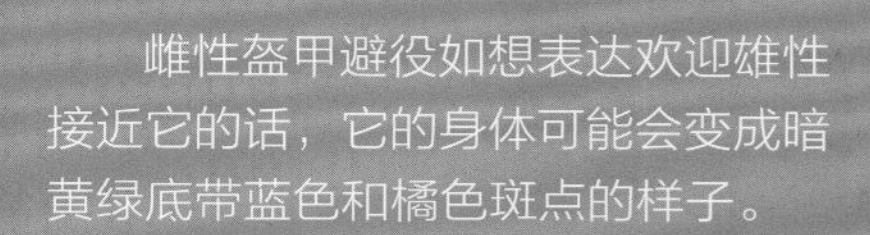

雌性盔甲避役如想表达欢迎雄性接近它的话，它的身体可能会变成暗黄绿底带蓝色和橘色斑点的样子。

怀孕的雌性个体（已经交配过，体内有受精卵）会变成深绿色带蓝色和黄色斑点的样子，向雄性传达“请离开！”的信息。

刚孵化的盔甲避役宝宝的体色呈淡绿色。在野外，只有部分幼体能顺利长大，因为鸟类和蛇等动物都会捕食它们。

豹纹避役是独行侠！它总是独来独往，只有在繁殖季才会跟同类打交道。雄性个体不允许其他雄性入侵它的树，它会秀出明亮的警戒色驱赶入侵者，必要时甚至不惜一战。

2012年，科学家宣布在马达加斯加发现四个变色龙新种，小家伙们都是叶变色龙，它白天都待在森林底层的落叶堆间，晚上才会爬进灌木丛。侏儒枯叶变色龙也是这次发现的新种之一，它小到能站在火柴的尖端！

豹纹避役

绚丽多彩，与众不同的变色龙！ 在马达加斯加岛生活的豹纹避役，是世界上色彩最缤纷的变色龙之一。一只平常体色是亮绿色的变色龙可以增添黄色、红色、橘色等烟火般绚丽的颜色。而这种变色龙的体色会因地而异，在某个地区是亮蓝色，在另一个地区则是鲜红色。

然而，雌性变色龙的体色通常是棕色的，全身上下还有深浅不一的粉红色和橘色。体内有受精卵的雌性会变成深棕色或黑色带粉红色和橘色的条纹，以此警告雄性与其保持距离。

马达加斯加是变色龙爱好者的天堂。全世界目前已知的变色龙种类中，将近一半都栖息在这里，这里大约有60个特有种类，还有世界上最小的迷你变色龙（身长仅2.5厘米），以及世界上最长的变色龙，身长68厘米的沃斯特里带避役。

马达加斯加有许多关于变色龙的古老迷信。有些人认为触碰或跨过变色龙会带来厄运。不过对岛上的变色龙而言，真正的厄运是被非法猎捕，或当作宠物贩卖，以及因森林被砍伐而失去栖息地。

避役科

小档案

其他中文名：
七彩变色龙

英文名：
Panther chameleon

学名：
Furcifer pardalis

体长：
40~56厘米

食物：
昆虫

栖息地：
低地森林

分布范围：
马达加斯加

松果蜥

石龙子科

其他中文名：
短尾、胖尾蜥、睡蜥、双头蜥

英文名：
shingleback skink

学名：
Tiliqua rugosa

体长：
30~41厘米

食物：
昆虫、蜗牛、树叶

栖息地：
干草地、林地

分布范围：
澳大利亚

小档案

这只蜥蜴有两个头？不对，这是一只松果蜥，假装自己有两个头是它用来欺骗捕食者的伎俩！松果蜥胖胖的短尾巴看起来就像一个头，不知情的捕食者可能会攻击这个“假头”。因此，它能有更多的时间防御，或是找个地方躲藏起来。然而，和许多蜥蜴不同的是，它没办法断尾求生。

澳大利亚有数种蓝色舌头的蜥蜴，松果蜥也是其中之一。它会伸出蓝色的舌头威吓捕食者，捕食者通常不是被它没有教养的举动吓到，而是突然看到它的舌头后被吓了一跳。深色的舌头在它粉色的嘴里显得特别醒目，加上膨胀的身躯和嘶嘶声效果更好。如果捕食者还不放弃，它就会真的咬下去。

松果蜥有一种行为在爬行动物世界里非常独特：长久的配偶关系。从春天的繁殖季前，一直到繁殖季过后一阵子，雄性和雌性都会一直在一起。而且每年都是跟同一只蜥蜴在一起，有些甚至会维持一辈子。科学家曾经记录到一对蜥蜴维持了将近20年的配偶关系！

雌性松果蜥会直接生下一两只体形很大的蜥蜴宝宝，有时一胎也会生下3~4只。

自我防卫时，松果蜥会将身体卷起来，让接近它的动物同时看见它的头和尾巴扮成的“假头”。

小细三棱蜥的体色较深，头部呈灰白或黄色，还有斑点。在成长过程中，它的眼睛周围会逐渐形成一圈“眼镜”。
除了细三棱蜥和昆虫，还有其他动物也在椰子壳堆里生活，比如：老鼠、一种叫袋狸的小型哺乳动物，以及各式各样的蛇。

细三棱蜥

石龙子科

长得像小鳄鱼，戴着眼镜，还能发出婴儿般的哭声？没错！细三棱蜥是一种生活在雨林底层落叶堆中的小型蜥蜴，它也生活在椰子田里成堆的椰子壳中。坚硬的椰子壳剥下来后，会被堆成一堆，成为小蜥蜴凉爽又潮湿的家。

细三棱蜥的叫声非常有特色，咯吱咯吱的声音又尖又细，在害怕或生气时，它就会发出这种声音。雌性在保护蛋时也会叫，它一胎仅会产下一个狭长椭圆形、有革质外壳的蛋。之后，雌性蜥蜴只要不是出去觅食，都会牢牢地守着蛋。为了保护它的蛋，雌性蜥蜴会发出尖锐的叫声，张大嘴巴扑向不速之客。它也会保护刚孵出来的小蜥蜴。

细三棱蜥在许多方面都显得与众不同。背部的鳞片有尖尖的棱脊，这在石龙子科的蜥蜴里可不常见，像戴了头盔一样的头部也相当罕见。此外，雄性后脚上有称为毛孔的小凸起，可能是用来释放气味标示领域。

小档案

其他中文名：
橘眼鳄蜥、头盔蜥、冠头蜥

英文名：
red-eyed crocodile skink

学名：
Tribolonotus gracilis

体长：
20~25厘米

食物：
昆虫

栖息地：
热带森林

分布范围：
新几内亚、印度尼西亚、所罗门群岛

圣诞岛蓝尾石龙子

石龙子科

其他中文名：
无

英文名：
blue-tailed skink

学名：
Cryptoblepharus egeriae

体长：
4~8厘米

食物：
昆虫、蠕虫

栖息地：
雨林、林地

分布范围：
圣诞岛

小档案

圣诞岛蓝尾石龙子亮蓝色的尾巴非常引人注目——特别是断尾的时候！许多爬行动物都会这一招，当捕食者被扭动的尾巴吸引时，它们早已逃之夭夭。

但不幸的是，在过去数十年间，捕猎圣诞岛蓝尾石龙子的捕食者增加了。过去在澳大利亚偏远的小岛上，它只要躲避几种原生的捕食者（两种现已灭绝的老鼠）。然而，许多外来物种随着人类来到岛上，迅速入侵了石龙子的栖息地。这些捕食者包括人类饲养的猫，以及搭着船只和飞机偷渡过来的长足捷蚁、亚洲白环蛇、巨蜈蚣和黑鼠。

这些过去在岛上很常见的石龙子现在变得非常稀少，有些专家认为圣诞岛蓝尾石龙子可能已经在野外绝迹了。有朝一日，如果圣诞岛上的外来物种数量受到控制，栖息地也受到保护的话，目前人工饲养着的石龙子也许将重回野外。

圣诞岛上曾经也有蜓蜥。20世纪90年代，一棵倒木上就有将近100只蜓蜥。但到了2012年，整座岛上就只剩下一只人工饲养的蜓蜥，名叫“阿甘”。

美国有许多原生蓝尾石龙子物种，尽管外形相似，但它们和圣诞岛石龙子的亲缘关系并不相近。

雌性犰狳环尾蜥通常一胎只会生下一只宝宝，但它的个头可不小，将近是妈妈身长的一半！
犰狳环尾蜥的名字源自犰狳，这种哺乳动物为了保护自己，也会卷成球状。

犰狳环尾蜥

绳蜥科

犰狳环尾蜥生活在有白蚁丘的岩石区。白蚁是它主要的食物之一，为了捕捉白蚁，它会从岩石的缝隙间现身。即使全副武装，浑身都是尖锐的鳞片，但对这种小型蜥蜴来说，外出仍是件非常危险的事。因为饥饿的鸟可以轻易逮到这种行动缓慢的爬行动物。

为了抵挡攻击，犰狳环尾蜥有它独特的防御方式。它会迅速卷成球，多刺的一面朝外，保护柔弱的腹部。它甚至会咬住自己的尾巴，确保自己缩得够紧。这种姿势不仅能保护它的身体，也能让捕食者没办法轻易将它吞下肚。它可以维持这个姿势将近一小时，在这期间，捕食者可能会离开，寻找更好下手的猎物。

犰狳环尾蜥还有一个特点：它们会群聚生活。一个岩石区可能有将近30只蜥蜴，它们晚上一起在岩缝里睡觉，白天一同在石头上晒太阳。这些蜥蜴不一定属于同一个家族，只是刚好共享食物与藏身处而已。不过，住在一起还是有好处的，毕竟多双眼睛能更多留意到潜在的危险。

小档案

其他中文名：
犰狳蜥、金犰狳蜥、犰狳棘尾蜥

英文名：
armadillo girdled lizard

学名：
Ouroborus cataphractus

体长：
16~21厘米

食物：
昆虫

栖息地：
岩漠、干燥的灌木林地

分布范围：
非洲西南部

蛇蜥

蛇蜥科

其他中文名：
土龙

英文名：
slow worm

学名：
Anguis fragilis

体长：
30~40厘米

食物：
蜗牛、蛞蝓、蠕虫

栖息地：
林地、花园、草原

分布范围：
欧洲、亚洲、非洲北部

小档案

蛇蜥和澳蛇蜥（第66~67页）一样，是一种像蛇，但没有脚的爬行动物。但它既不是虫也不是蛇，而是最适合在地道中生活的蜥蜴。

它的体表覆盖着光滑的鳞片，鳞片之间不会重叠，这有助于它钻进松散的土壤、落叶堆或草丛间。要看见这种蜥蜴在石头上晒太阳是不太可能的事情，因为它生性隐秘，喜欢躲在石头、落叶、铺路石板和木头的下方，或是地道和堆肥里。

蛇蜥的动作通常都很慢，但它的猎物也是如此的！它专吃蜗牛和蛞蝓，它们是危害蔬菜和花朵的害虫，因而蛇蜥也是花园里备受欢迎的捕食者。然而，园丁如果把猫放出去，让猫捕食这些蛇蜥，蛇蜥就帮不上什么忙了。

雄性蛇蜥的体色可能是深棕、浅棕、灰、锈红或红铜色，腹部有深色的斑点，有些雄性体侧还有蓝色的斑点。雌性的背部会有一条带状纹路，侧边有深色斑点，且腹部的颜色较深。

蛇蜥很适合这种节奏缓慢的生活。它是最长寿的蜥蜴之一，目前已知在野外它可以存活大约30年，还有一只在动物园里的个体活了54年！

蛇蜥的学名“*Anguis fragilis*”意为“脆弱的蛇”，因为受到捕食者攻击时，它的尾巴很容易断落。

雌性蛇蜥在夏季末会产下腹面是黑色的娇小宝宝。

墨西哥毒蜥也有毒，它身上有黑色和黄色的斑点，体长可达1米。

秋季时，雌性钝尾毒蜥会在地洞中产蛋，来年春季才会孵化。北美洲的蜥蜴中，目前已知只有这种蜥蜴的蛋要经过整个冬季才会孵化。

钝尾毒蜥

毒蜥科

钝尾毒蜥是少数有毒的蜥蜴之一。它的毒腺位于下颚，毒液会沿着牙齿的沟槽流出。大部分的毒蛇在迅速咬了目标后就会松口，但钝尾毒蜥必须一直咬着受害者，通过咀嚼，让毒液注入对方的血液。

钝尾毒蜥的毒液用于对抗捕食者，而不用来猎食。它不需要毒液就能制服猎物，主要以爬行动物和鸟类的蛋、老鼠宝宝、雏鸟和昆虫为食，偶尔也吃青蛙、蜥蜴，或者吃动物的尸体。它靠敏锐的嗅觉寻找猎物，灵敏的舌头对捕食也有帮助。

钝尾毒蜥是美国体形最大的当地原生蜥蜴，长度可达56厘米，重达2.3千克。有些重量来自粗厚的尾巴，养分以脂肪的形式储存在里头。营养充足的钝尾毒蜥看起来像一条肥肥的腊肠！食物短缺时，它会消耗尾巴储存的脂肪，这时尾巴会比原来的小大约五分之一。

虽然钝尾毒蜥看似笨拙，却能爬上仙人掌寻找鸟巢，把鸟蛋吃光。它的胃口非常大，一餐最多能吃下重达体重三分之一的食物。但它不需要经常进食，一年只要大吃十几顿就能活下去。

小档案

其他中文名：
吉拉毒蜥

英文名：
Gila monster

学名：
Heloderma suspectum

体长：
30~56厘米

食物：
昆虫、蠕虫、蜥蜴、小老鼠、雏鸟、蛋

栖息地：
沙漠、干草原

分布范围：
美国西南部、墨西哥西北部

科摩多巨蜥

巨蜥科

其他中文名：
科摩多龙、魔龙

英文名：
Komodo dragon

学名：
Varanus komodoensis

体长：
2.5~3米

食物：
老鼠、鸟类、蜥蜴和鹿等大型哺乳动物、腐肉

栖息地：
林地、稀树草原

分布范围：
印度尼西亚

小档案

想见识一下世界上最重、最大只的蜥蜴吗？那就瞧瞧科摩多巨蜥吧！这种巨蜥体长可达3米，重量超过68千克。它的体形庞大，连水牛、鹿、马和猪都是它的猎物。

科摩多巨蜥在它所在的岛上徘徊觅食，也会埋伏路过的动物，从藏身处跳出来，张牙舞爪地攻击猎物的脚或脖子。就算猎物成功逃脱，它也毫不在意，因为它的上下颚有毒腺，用牙齿咬出伤口后，毒液就能注入猎物体内。它的毒液能防止血液凝固，所以那些蹒跚逃走的猎物，终究会因失血过多而死。

接着科摩多巨蜥会追踪猎物，吐出分叉的舌头，搜寻死亡动物的气味，连4千米外的腐肉都能闻到，之后就大快朵颐一番。它一餐可以吃下相当于其体重80%的食物，它吞肉的速度非常迅速，一分钟可以吃掉2.5千克的食物。

过去数十年来，科摩多巨蜥的猎物被认为是伤口受到它口腔细菌感染而死，然而，在发现了巨蜥的毒腺，并进一步研究它的唾液之后，我们才知道完全不是那么一回事。

雌性科摩多巨蜥会在山坡或是地面挖洞，将蛋产在里头。它也会把蛋产在灌木丛中由成堆落叶、树枝和泥土筑成的鸟巢里。

科摩多巨蜥有时会聚在一起，就像秃鹰那样，分食大型动物的尸体。它们从远处就闻到腐肉的气味，并从四面八方聚集过来。

眼斑巨蜥和其他巨蜥都能像上图中的黄点巨蜥一样，后脚站立，通过尾巴侦测周围环境。

雌性眼斑巨蜥将蛋产在地洞或白蚁窝里。白蚁会努力让蚁窝保持温暖潮湿，因此对巨蜥的蛋而言，这是一个完美的孵化场所。

眼斑巨蜥

巨蜥科

眼斑巨蜥是澳大利亚体形最大的蜥蜴，也是科摩多巨蜥（第114~115页）的近亲，它们都属于巨蜥科。但澳大利亚曾经有一种巨蜥比眼斑巨蜥还大，科学家发现这种巨无霸蜥蜴的化石足足有4.6米长！这种特大的科摩多巨蜥比澳大利亚所有现有的蜥蜴都大，但可能在4万年前就灭绝了。

眼斑巨蜥是澳大利亚土著人的传统佳肴，土著人称它为“pirrinthi”，也就是它英文名字的由来。眼斑巨蜥也出现在古老土著人的艺术与故事中，现代的土著人艺术家也继续以这种巨蜥为主题创作。

眼斑巨蜥生性谨慎，一发现人类，就会赶紧躲进地洞，它用巨大的爪子快速挖开沙漠的土壤。和近亲科摩多巨蜥不同的是，眼斑巨蜥成体会爬树。

眼斑巨蜥的食物取决于体形。幼体吃昆虫，已完全发育的成体中，体形最大的还能制服小型袋鼠！对付小型动物时，它会快速甩动直到猎物死亡，就像狗甩动松鼠或兔子那样。过去，人们认为它和科摩多巨蜥一样，在咬伤猎物后，以口腔细菌杀死它们，但现在我们知道它其实也会分泌毒液。

其他中文名：
巨蜥

英文名：
perentie

学名：
Varanus giganteus

体长：
1.5~2米

食物：
蛋、昆虫、鱼、爬行动物、鸟类、兔子、小型袋鼠、腐尸

栖息地：
干燥地区、沙漠

分布范围：
澳大利亚

棕脆蛇蜥

蛇蜥科

其他中文名：
帝王蛇蜥

英文名：
scheltopusik

学名：
Pseudopus apodus

体长：
0.6~1.2米

食物：
昆虫、蜥蜴、鼠类、蜗牛、蛞蝓、蜘蛛、蜈蚣

栖息地：
森林、草原、干燥的岩石山坡

分布范围：
欧洲南部、中亚

小档案

棕脆蛇蜥是另一种外形像蛇的蜥蜴，常让人搞不清楚它究竟是什么动物。然而，它肉眼可见的耳孔与能眨的眼睑表明，这种爬行动物并不是蛇。它的祖先有长脚，但如今只剩身体后端还有微小的残肢，这就是欧洲体形最大的无脚蜥蜴。

和其他蜥蜴一样，棕脆蛇蜥受攻击时，会有断尾行为。不过因为体形较大，它更倾向采取反击的策略：发出咝咝声，并咬对手一口。它的尾巴占据了身体的绝大部分，相当于体长的三分之二。遇到危险时，它的尾巴不只能脱落让捕食者分心，还会断成好几块同时扭动，让捕食者误以为眼前忽然出现很多“小蜥蜴”，可是刚才它明明只看见一只啊！当捕食者还在疑惑到底哪一块才是真正的蜥蜴时，棕脆蛇蜥早已逃之夭夭了。

因为这项奇特的能力，棕脆蛇蜥有了“玻璃蜥”这个俗名，因为它过去被认为能像玻璃一样，碎成一片片的。有些地方的人甚至相信，断掉的片段还会重回身体，组合成完整的蜥蜴！这当然是不可能的，但它会长出新尾巴。它的名字“scheltopusik”在俄语中是“黄色腹部”的意思。

棕脆蛇蜥不像蛇那样柔软。和蜥蜴比起来，蛇的皮肤更容易撑大，所以吞下猎物时，能轻易张大皮肤。棕脆蛇蜥的皮肤比较僵硬，但因为腹面有延展沟，吞下大餐时，也能像弹性腰带一样延伸出足够的空间。

雌棕脆蛇蜥会将蛋产在石头、倒木下等隐秘处，孵化以前都守在一旁，一有动物对蛋造成威胁，就会扑上去攻击。

长鬣蜥其实分布在亚洲各地，包括越南。1975年，北越发行了长鬣蜥的纪念邮票。

长鬣蜥是长鬣蜥属下唯一的物种。

长鬣蜥

鬣蜥科

长鬣蜥的尾巴占据了体长的三分之二。和许多水栖爬行动物一样，长鬣蜥会用尾巴来游泳，它也会把尾巴当作鞭子，痛击捕食者。

和双嵴冠蜥（第84~85页）一样，长鬣蜥可以只用强壮的后脚奔跑，但它没办法在水面上奔跑。相反地，受到惊吓时，它会从枝条上跳进水里，潜到深处躲藏。它可以闭气待在水中长达25分钟。正如它的俗名——水龙，它在水中非常自在，也游得很快，还能抓住水中的鱼。

长鬣蜥的头顶有一个又小又明亮的圆形斑点，称为松果体或“第三只眼”。它是一个能感光的透明盖子，连接一束神经，透过头骨上的小间隙通到脑部。这个构造让它能感受到光线的细微变化，帮助它适应日夜周期与调整体温。饥饿的鸟类逼近时，松果体能帮助长鬣蜥察觉鸟投下的阴影，长鬣蜥就能迅速逃跑！另外，很多种蜥蜴都有松果体。

小档案

其他中文名：
水龙

英文名：
Chinese water dragon

学名：
Physignathus cocincinus

体长：
0.6~1米

食物：
树叶、蛋、昆虫、鱼、鸟类、小型哺乳动物

栖息地：
靠近雨林的河流、湖泊、池塘和沼泽

分布范围：
泰国、越南、老挝、柬埔寨、缅甸、中国

蛇类大小事

蛇、蜥蜴和蚓蜥都属于有鳞目。目前已知大约有3500种蛇，和其他有鳞目动物一样，随时都有新的蛇种被发现。例如在2010年，科学家在亚马孙山腰的热带雨林发现了一种颜色非常鲜艳的蔓蛇，并将它命名为*Chironius challenger*。

至今科学家仍不确定蛇是从哪一种爬行动物演化来的，而且还在继续研究化石以寻找线索。过去我们认为蛇的祖先是能在海中游泳、外形像鳗鱼的蜥蜴。但目前研究显示，蛇可能是从能在陆地上挖洞的蜥蜴演化而来的。

蛇都没有脚，不过有些种类的尾端有小小的刺状突起，这是它们祖先曾经长过脚的残迹。然而，有没有脚并不是区分蛇和蜥蜴的唯一方法，毕竟，世界上也有无脚蜥蜴！举例来说，蛇的头骨构造非常特别，它可以把下颚弄“脱臼”，延伸后能包覆猎物。此外，蛇下颚前端的骨头是分离的，仅以具延展性的带状组织相连，让蛇不用咀嚼食物，就可以将猎物整个吞下！

蛇的骨骼基本上由头骨、长长的脊椎骨和多对肋骨组成。有些蛇类甚至有多达400对肋骨！它们全身的肌肉都与肋骨相连，因而能滑动、游泳和攀爬。蛇的骨骼缺乏像蜥蜴一样的肩部和盆骨，但少数几种蛇仍保有部分骨盆。蛇类也没有可以眨眼的眼睑和外耳孔，而且舌头前端都有分叉。

爪哇丽纹蛇（*Calliophis bivirgata*）

爪哇丽纹蛇会摆动红色的尾巴，甚至翻身露出红色的腹面，以驱赶捕食者。

铜头蝮（*Agkistrodon contortrix*）

北美洲的铜头蝮有毒，它的名字源自其橘棕色的头部。

爪哇瘰鳞蛇
（*Acrochordus javanicus*）
爪哇瘰鳞蛇生活在溪流和河川中，它的皮肤既粗糙又松弛，又称为爪哇瘰鳞蛇或锉蛇。

角蝰（*Cerastes cerastes*）
角蝰白天躲在撒哈拉沙漠的沙粒下，会突然跃出抓住猎物。

死亡蛇（*Acanthophis antarcticus*）
这种毒蛇生活在澳洲和巴布亚新几内亚。这种埋伏型捕食者会躲在沙粒、土壤和树叶中等待猎物上门。

鞭蛇（*Masticophis flagellum*）
北美鞭蛇的体色从棕褐色到黑色都有，体长可长至1.5米。

金环蛇
（*Bungarus fasciatus*）
分布在东南亚的金环蛇白天会躲起来，晚上才出来捕食老鼠、蜥蜴和其他蛇类。

莫桑比克射毒眼镜蛇
（*Naja mossambica*）
这种毒蛇能将毒液喷射出2.4米远。

非洲蟒

蟒科

非洲体形最大的蛇类非岩蟒莫属，它体形巨大，甚至可以制服鳄鱼。通常它会埋伏在溪流、沼泽、湖泊与河流一带，一旦动物前来水边喝水，它就用强壮的身躯缠住猎物，用牙齿紧咬不放。

许多人认为蟒蛇是把猎物压死的，但事实并非如此，蟒蛇是让猎物窒息而死的。只要猎物呼气，它就缠得更紧。因此每次吐出空气，猎物就更加动弹不得，最后猎物的肋骨根本无法外扩，让它没办法吸气。用这种方式绞死猎物的蛇称为“大蟒蛇”，它会限制猎物的呼吸和动作。

蟒蛇吃一顿大餐就能撑上好几天。之后，它会停止捕猎，待在隐秘处好好消化食物。必要的话，好几个月不吃东西也能存活。

为了避开白天炎热的时刻，岩蟒主要在早晨和傍晚捕猎。干旱季节，它会在倾倒的木材、中空的树干，或其他动物留下的地洞中夏眠。

其他中文名：
北非岩蟒

英文名：
Africanrock python

学名：
Python sebae

体长：
5~7米

食物：
鸟类、蜥蜴，鼠类、山羊、羚羊等哺乳动物

栖息地：
稀树草原、草原、森林边缘、水源附近

分布范围：
撒哈拉沙漠以南的非洲地区

非洲蟒能吞下比自己头部还大的食物。照片中是一场精彩的吞食秀，岩蟒展现了其灵活的下颚构造，吞下了一只汤姆森瞪羚。

雌性非洲蟒一次最多能产下100颗蛋，它会用身体把蛋圈住，严密地防护，直到三个月后蟒蛇宝宝孵化出来。

1999年，一位在婆罗洲研究马来熊的生物学家在报告中提到，有只网斑蟒吞下了一头熊。这可是科学界的第一笔观察记录！但那只熊营养不良，体形小且虚弱，所以网斑蟒会吃这种食物并不常见。

网斑蟒脸上的“颊窝”能侦测热量，让它能“看见”猎物的红外线热像。所以在光线微弱、昏暗，甚至是漆黑的夜晚，网斑蟒仍然能感受到猎物。

网斑蟒

蟒科

在东南亚雨林和草原滑行的网斑蟒，是世界上最长的蛇类。根据官方记录，1912年，印度尼西亚发现了体形最大的网斑蟒，它足足有10米长，在长度上胜过南美洲的水蚺（第134~135页）。但水蚺在重量上占上风，因此，世界上最大的蛇还是它。

网斑蟒的名字来源于它皮肤表面上的网状纹路，这能让它隐身在落叶中。网斑蟒将自己融入环境中后，埋伏经过的猎物。不过它会偷偷靠近猎物，也会躲在水里，一有动物来喝水，就会像非洲蟒一样，紧紧缠住猎物，让它窒息而死。

雌性网斑蟒会用身体环绕它的蛋，到孵化前都会一直守护着。这些巨蛇宝宝刚孵化出来就有大约0.6米长，相当于许多蛇类成体的长度。小蛇吃老鼠、蜥蜴和鸟类等小型动物，随着身体逐渐长大，它们会吃较大的猎物。

网斑蟒的体色具有伪装效果，但仍然逃不过人类的眼睛。每年都有许多蟒蛇遭到非法捕捉，它们被卖到宠物市场或是制成皮革。开矿和伐木也会破坏它们的栖息地，威胁到这些巨蛇的生存。

小档案

其他中文名：
帝王蟒

英文名：
reticulated python

学名：
Python reticulatus

体长：
6~9米

食物：
鸟类，鼠类、鹿等哺乳动物

栖息地：
靠近水源的雨林、林地、草原

分布范围：
东南亚

缅甸蟒

蟒科

粗壮的缅甸蟒是世界上最长的蛇类之一。它会用缠绕勒死的方式，捕食鸟类和小型哺乳动物。缅甸蟒幼体主要栖息在树上，但成体的体重可达90千克，因而它只好放弃树栖生活，转而在地面上活动。

这种蟒蛇在它的原生国度饱受威胁。森林砍伐使它的栖息地减少，人类也会捉捕它当作食物或制成皮革，卖到海外市场。

很奇怪的是，这种在原生栖息地濒临灭绝的蟒蛇，却在其他地方成了有害动物。缅甸蟒入侵了美国佛罗里达州部分地区，包括叫作大沼泽地的湿地。科学家推测，可能它们在80年代是被人类饲养的，后来到了野外，成为这些蟒蛇的祖先。那它们是自己逃脱的？还是饲主不想养了，将它们放生野外的？没有人知道。

在这种大蟒蛇入侵的佛罗里达州地区，原生鸟类和哺乳动物对它们毫无招架之力，常被巨蛇吞下肚。2012年的研究显示，大沼泽地的哺乳动物数量急剧减少，而佛罗里达州的缅甸蟒据估约有3万到10万条。

小档案

其他中文名：
缅甸岩蟒、南蛇

英文名：
Burmese python

学名：
Python bivittatus

体长：
5~7米

食物：
爬行动物、鸟类、哺乳动物

栖息地：
雨林、林地、沼泽、草原

分布范围：
南亚、东南亚、美国佛罗里达州

缅甸蟒能在水里待上长达30分钟不换气，而且还能游很长的距离。科学家担心就连含盐分的海水，也无法防止它们在佛罗里达州的扩散。

佛罗里达州的野生动物主管机关和公园管理员致力于减少野外缅甸蟒的数量，但这恐怕是一场打不赢的仗，因为它们并不那么容易被找到。

刚孵化的
绿树蟒宝宝外观
是黄色的，身上还有
棕色的斑点，它会扭
动黑色的尾巴引诱
猎物。

绿树蟒和亚马孙树蚺（请见第136~137页）的栖息姿势很相似，亚马孙树蚺生活在南美洲的热带雨林，它们都是黄绿色的缠绕杀手，在树枝上会用很相似的姿势缠绕成一团。这些相似之处是趋同进化的另一个例子（请见95页）。

绿树蟒

白天，绿树蟒挂在树枝上，头就摆在卷起来的身体中间。它亮绿色的身体上有白色和黄色的斑纹，能够很好地融入周围的树叶丛中。为了不被饥饿的猛禽、猫头鹰或是巨蜥发现，伪装是一定要的！

入夜后蟒蛇会化身为猎手。它大大的眼睛能捕捉每一道光线，而嘴唇边的颊窝能侦测热能，帮助它找到鼠类、蜥蜴和鸟类。用长长的尾巴把自己悬挂在树上时，它也能垂下来捕捉猎物。虽然绿树蟒更喜欢在树上生活，不过有时也会下到地面捕猎。雌性蟒蛇通常会把蛋产在树洞中，但是它也可能滑行到地面，把蛋产在露出地表的树根之间。

绿树蟒的身体并不是一生下来就是亮绿色的。刚孵化的小蛇身体通常是亮黄色，不过也可能是橘色、红色或棕色。同一窝蛋孵出来的几条蛇宝宝可能会有上述提到的所有颜色。在它们六个月到两岁之前，蛇宝宝会变为成体的绿色。科学家注意到黄色的小蛇会在靠近地面的枝条附近捕食动物，而不是在树梢。因为它的体色有助于伪装，能躲过鸟类敏锐的视力。

蟒科

小档案

其他中文名：
绿蟒、巴布亚树蟒、绿树莫瑞蟒

英文名：
green tree python

学名：
Moreliav iridis

体长：
1.5~1.8米

食物：
蜥蜴、小型哺乳类、鸟类

栖息地：
热带雨林

分布范围：
新几内亚、澳大利亚北部

球蟒

蟒科

许多蛇在受到威胁时，都会把身体卷成一团。它们通常会昂起头发出咝咝声，随时准备好在受到攻击时就立刻反击。不过球蟒可不会这样！它把身体盘绕起来时，会变成紧密的球形，头就藏在里面。这颗坚固的“球”甚至还能滚动。所以，来惊扰它的捕食者就会想不透：为什么刚才还在这里的猎物会突然变成一个表面布满鳞片的足球呢？

其实球蟒白天通常待在安全的地道里，在干旱季节，也会在地道中夏眠避暑。夜晚，它会出来捕食。通过颊窝，它在黑暗中也能感知猎物。它最主要的食物是鼠类，鼠类会危害农作物，所以它成了非洲农民重要的好伙伴。就和其他的蟒蛇一样，它会用缠绕的方式把猎物勒死。

在部分非洲地区，乡村居民很崇敬球蟒，甚至认为它是神圣的动物。当地人从不会伤害它，甚至在它溜进人类的房舍时，还会受到欢迎。死去的球蟒甚至会被放入小棺材里埋葬。在这些地方的蟒蛇比生活在其他地方的同类幸运多了，那些蛇会被人类猎捕当成食物、剥皮制成商品，或是卖到宠物市场。

小档案

其他中文名：
球蟒

英文名：
ball python

学名：
Python regius

体长：
1~1.5米

食物：
小型哺乳类

栖息地：
莽原、草原、干燥的森林

分布范围：
非洲西部和中部

有些球蟒身上有大面积的白色区块。在多哥和加纳能发现这种罕见的“花斑”蛇。

在欧洲，球蟒被称为“皇蟒”。这个称号的由来，是因为人们认为古埃及的克利奥帕特拉皇后把球蟒当作活珠宝戴在手腕上。

最大的水蚺可以抓住凯门鳄，并把它整只吞进肚子！像这样饱餐一顿后，它可能一个月以上都不用再进食了。但是相反地，凯门鳄也会吃小水蚺。

水蚺的眼睛和鼻孔都长在头顶。它能像鳄鱼一样躲在水中，只露出头顶的一小部分。

水蚺

水蚺和网斑蟒（第126~127页）在"世界最大的蛇"的冠军争夺赛中难分高下。论长度，这两种蛇的长度都能和一辆美国的公共汽车一样长。于是，爬虫专家把这个比赛再分成两个项目：最大的网斑蟒比水蚺还要长一点点，所以它算得上是"最长的蛇"；但是水蚺在"最大的蛇"这一项目中占上风，因为最大的水蚺重达250千克——几乎是蟒蛇的两倍，大约相当于半匹马的重量。

雌性水蚺的体形比雄性要大得多，甚至还会把雄性吃掉！一条雌蛇的长度可达雄蛇的两倍。在繁殖季节，可能会有多达十几只雄性水蚺聚集在雌性的身边，它们靠扭打来竞争与雌蛇交配的机会，这样的竞争可以持续一个月。

水蚺生活在水下，它在水中埋伏并伺机突击猎物，它用上下颚咬住猎物，再用身体缠绕猎物。从鱼类、乌龟、鸟类，到大型的动物如猪、鹿、巨型鼠类（水豚）都是它的猎物。这种强壮的蛇甚至抓住过美洲豹和凯门鳄，就跟蟒蛇一样，水蚺会用缠绕的方式勒死猎物。

蚺科

小档案

其他中文名：
森蚺、水蟒

英文名：
green anaconda

学名：
Eunectes murinus

体长：
6~9米

食物：
鱼类、两栖类、爬行动物、鸟类、哺乳类，包含鹿、水豚

栖息地：
热带雨林中的河流、沼泽、泛滥草原

分布范围：
南美洲北部

亚马孙小树蚺

蚺科

其他中文名：
翡翠树蚺

英文名：
emerald tree boa

学名：
Corallus caninus

体长：
1.2~3米

食物：
蜥蜴、鸟类、小型哺乳类

栖息地：
低地雨林

分布范围：
南美洲

小档案

黑夜中，悬挂在树上的亚马孙树蚺静静地等待鼠类或其他小动物从树枝下方经过。它的尾巴和身体后半部牢牢地缠绕在树枝上，脸部深而敏锐的颊窝能侦测到细微的温度变化。只要树蚺一察觉到温度上升，它的头部和颈部就会突然伸出，把温热的猎物抓住。

白天时，亚马孙树蚺把身体缠绕起来挂在树枝上，头就摆在身体上，样子很像它那生活在遥远的新几内亚和澳大利亚的“分身”：绿树蟒（第130~131页）。它亮绿色的皮肤上有白色的斑纹，绿色能和周围的树叶融为一体；白色的斑纹则像阳光穿过树叶间洒下来的光点。

但和绿树蟒不同的是，亚马孙树蚺几乎从来不会从树枝上下到地面。它不仅在枝条上捕捉猎物，也在树上进食。它的尾巴卷住树枝时，身体的前半部就用来缠绕猎物。雌性树蚺也在树上产下树蚺宝宝，而绿树蟒则是把蛋产在树洞中，或是树根之间，然后再用身体围绕着蛋来保护它们。

分布在亚马孙树蚺嘴边、对热很敏感的颊窝数量比其他大多数巨蚺都多。

刚生下来的亚马孙树蚺是砖红色、橘色或褐色的。在三个月到一岁之间，亚马孙树蚺的体色才慢慢变为绿色。

雌巨蚺一次可以产下多达60条蛇宝宝。

大约在6000万年前，这种比公交车还长的巨蛇就生活在现代蚺蛇的栖息地上。它被称为泰坦巨蟒（*Titanoboa cerrejonensis*），长度约为13.7米；重量超过907千克。

巨蚺

蚺科

水蚺分布的地区有一部分和世界上最知名的巨蚺分布的地区重叠。巨蚺的分布范围很广，它已经演化出了不同的亚种。科学家目前已经确认的大约有10个亚种，包含分布在南美洲的巨蚺（*Boa constrictor constrictor*）。不同栖地的巨蚺有不同的体色和斑纹，能融入不同的环境中。

巨蚺像水蚺一样会游泳，不过和它巨大的表亲不同的是，它主要是在陆地上活动，也能够迅速爬到树上。它和亚马孙树蚺一样会悬挂在树枝上捕猎，曾经有人看过巨蚺吊在洞穴口，等着捕捉夜里飞出洞的蝙蝠。它也和其他蟒蛇一样，会先缠绕猎物再将其勒死。

很多爬行动物迷喜欢把巨蚺当作宠物饲养，但是这么受大家欢迎是要付出代价的：现在有些亚种因为宠物交易被捕捉得太多，已经濒临灭绝了。目前，一些地方已经通过了保护这些蛇类的相关法规。

小档案

其他中文名：
红尾蚺

英文名：
boa constrictor

学名：
Boa constrictor

体长：
2~4米

食物：
哺乳类、鸟类、蜥蜴

栖息地：
沙漠、草原、农地、干燥的林地、雨林

分布范围：
中美洲、南美洲

德州细盲蛇

细盲蛇科

其他中文名：
德州线蛇

英文名：
Texas blind snake

学名：
Rena dulcis

体长：
10~30厘米

食物：
蚂蚁和白蚁幼虫

栖息地：
沙漠、草原

分布范围：
美国西南部、墨西哥东北部

德州细盲蛇外表看起来更像一条大蚯蚓，而不像蛇。它的身体覆盖了光滑、粉红的鳞片，眼睛是小小的两个黑点，而不像其他蛇的眼睛，会凶猛地怒视对手。它圆圆的头很像蠕虫，还长有一张小小的嘴。

细盲蛇长得像蠕虫是有原因的：它大部分的时间都生活在地底下。钝钝的头和圆形的身体让它能轻易地钻进松软的泥土里。细盲蛇的祖先在远古时代时，眼睛是能看见周围景物的，但现在它的眼睛几乎等于不存在，即使这样也不会变成它的弱点：因为生活在地下的蛇不需要视力。

太阳下山后，细盲蛇开始四处觅食。这条小蛇勇闯蚁窝，它扭动身躯通过凶猛的昆虫大军，去捕食蚂蚁幼虫。而身体末端分泌的液体有助于它的进攻，它一边扭动身体，一边让身体布满这种液体，就像是气味版的隐形斗篷，能隐藏细盲蛇的气味，或者这可能是蚂蚁所讨厌的气味。在地面活动时，这种液体似乎也会引起丛林狼和其他以蛇为食的捕食者的反感。奇怪的是，鸣角鸮会把活的盲蛇带回鸟巢中，不过可不是抓来喂鸟宝宝的，而是因为这种蛇竟然能跟雏鸟共同生活在鸟巢中！科学家提出了一种假说来解释这不寻常的行为：细盲蛇可能肩负着鸣角鸮家里清洁工的工作，因为它会吃虱子和其他的害虫，所以能使鸟巢保持清洁。

德州细盲蛇的尾巴末端有一根刺，当它挤过白蚁和蚂蚁窝中的隧道时，会用刺撑住自己。

世界上最小的蛇是巴贝多细盲蛇，被发现于加勒比海的巴贝多岛上。它的身长不到10厘米，大约像一条意大利面那么粗。

无毒的蛇外表可能也会有警戒色。例如没有毒性的猩红王蛇（生活在美国东南部）就经常被误认为是珊瑚蛇。
有一则古老的童谣能帮助大家记住美国哪一种红、黄和黑相间的蛇是毒蛇：“红接黄，杀死少年郎。”不过，这则童谣并不是随时都管用，因为珊瑚蛇有各种各样不同的纹路。

金黄珊瑚蛇

眼镜蛇科

这种蛇身上有醒目的红色、黄色和黑色条纹，金黄珊瑚蛇从头到尾都像在警告别人：“别碰我，离我远一点！”这绝对不是虚张声势。金黄珊瑚蛇会分泌毒液，被咬的话很危险。因为它的毒液会伤害被咬到的动物的神经系统，最后会使肌肉麻痹。所幸，若是人类被咬伤，可以用抗蛇毒血清（一种对抗蛇毒的药物）治疗。

但是珊瑚蛇只有在自我防卫时才会发动攻势。其实它很害羞，喜欢躲躲藏藏，不太会主动发动攻击，它更常选择逃走或躲起来的方式。即使它遇到危险没有退路时，它也会试图欺骗对手，而不是直接咬对方——它会卷起尾巴，让尾巴看起来像是头部。

美洲有超过60种珊瑚蛇，金黄珊瑚蛇也是其中之一，其他的珊瑚蛇分布在亚洲和非洲。就和它的亲戚一样，金黄珊瑚蛇的毒牙很短，当它发动攻击时，必须咬住对方，啃上一段时间后，才能从伤口注入毒液。

珊瑚蛇大部分的时间都待在洞穴里、倒下的木头或落叶堆下，捕猎时才会现身，它会吃青蛙、蜥蜴和小蛇。

小档案

其他中文名：
东部珊瑚蛇

英文名：
eastern coral snake

学名：
Micrurus fulvius

体长：
51~76厘米

食物：
小蛇、蜥蜴、青蛙

栖息地：
干燥的林地、沼泽边、矮树丛

分布范围：
美国中南部和东南部、墨西哥东北部

长吻海蛇

眼镜蛇科

长吻海蛇分布在太平洋和印度洋的热带海域，它们就像海中的缎带。这种蛇的栖息地范围横跨开放的海域，以鱼类为食。除非是不小心被冲上岸，否则它肯定不会爬上陆地，也不会在海床上活动。它通常在海面下9米深的范围内游泳。神奇的是，它的皮肤能像肺一样呼吸。

长吻海蛇通过偷偷游到鱼的上方捕食它们。它还有另一个把戏：利用小鱼的习性。它们通常会躲在漂浮的树枝或是其他物体的阴影底下，经过的小鱼会打量一动不动地漂浮着的海蛇。而本来静止不动的海蛇会突然转头，狼吞虎咽地吞下接近它的鱼！海蛇会被漂浮的残骸或垃圾吸引，当海流把大量的残骸碎片冲到一个地方时，那里就可能会吸引数千条海蛇聚集。

到目前为止，科学家还不知道哪一种动物会捕食这种毒蛇。人工饲养的鱼不吃这种蛇，所以可以推测它的肉可能味道不太好或是有毒。

小档案

其他中文名：
黄腹海蛇、黑背海蛇

英文名：
yellow-bellied seasnake

学名：
Pelamis platura

体长：
1~1.5米

食物：
鱼类

栖息地：
海洋

分布范围：
印度洋和太平洋

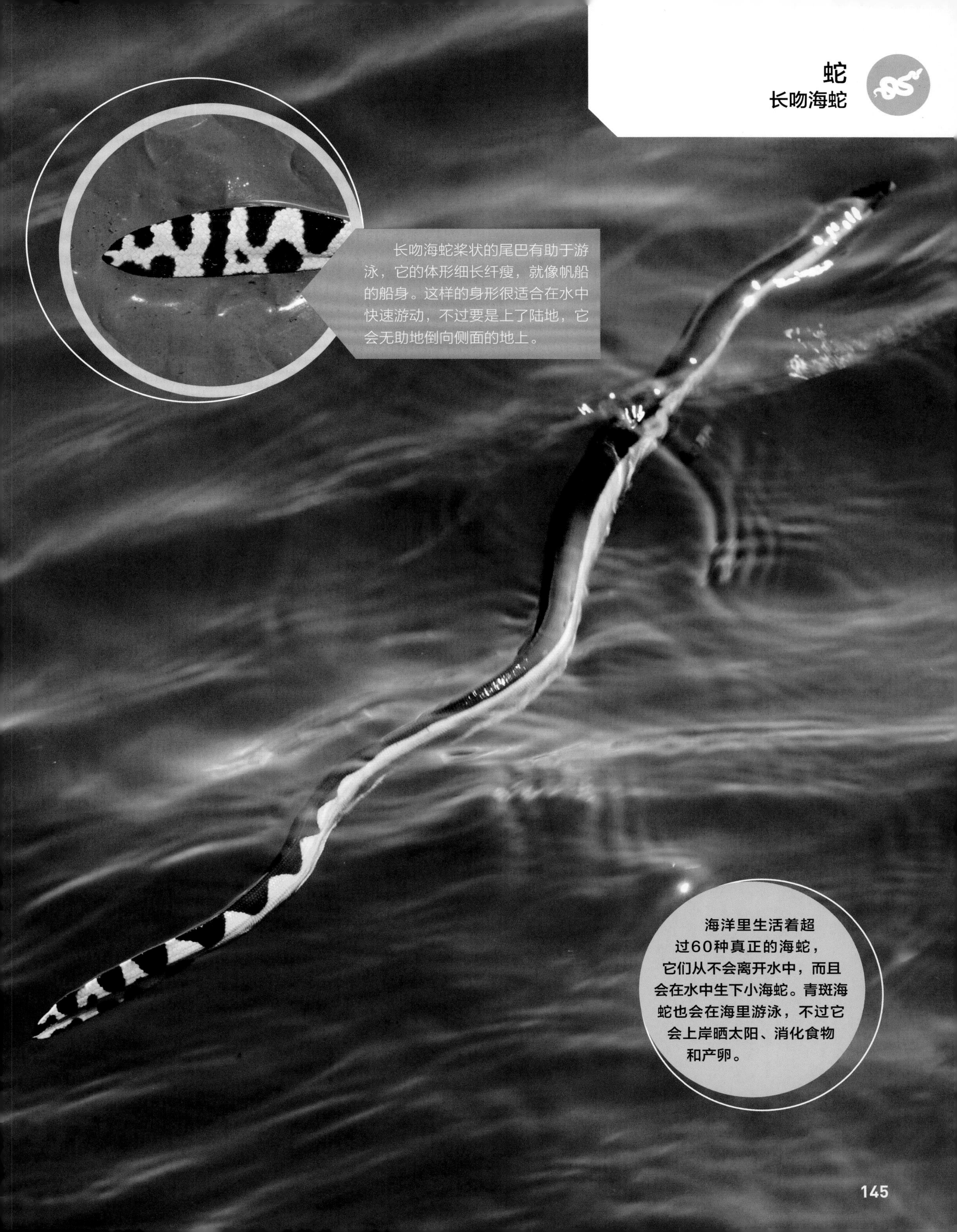

长吻海蛇桨状的尾巴有助于游泳，它的体形细长纤瘦，就像帆船的船身。这样的身形很适合在水中快速游动，不过要是上了陆地，它会无助地倒向侧面的地上。

海洋里生活着超过60种真正的海蛇，它们从不会离开水中，而且会在水中生下小海蛇。青斑海蛇也会在海里游泳，不过它会上岸晒太阳、消化食物和产卵。

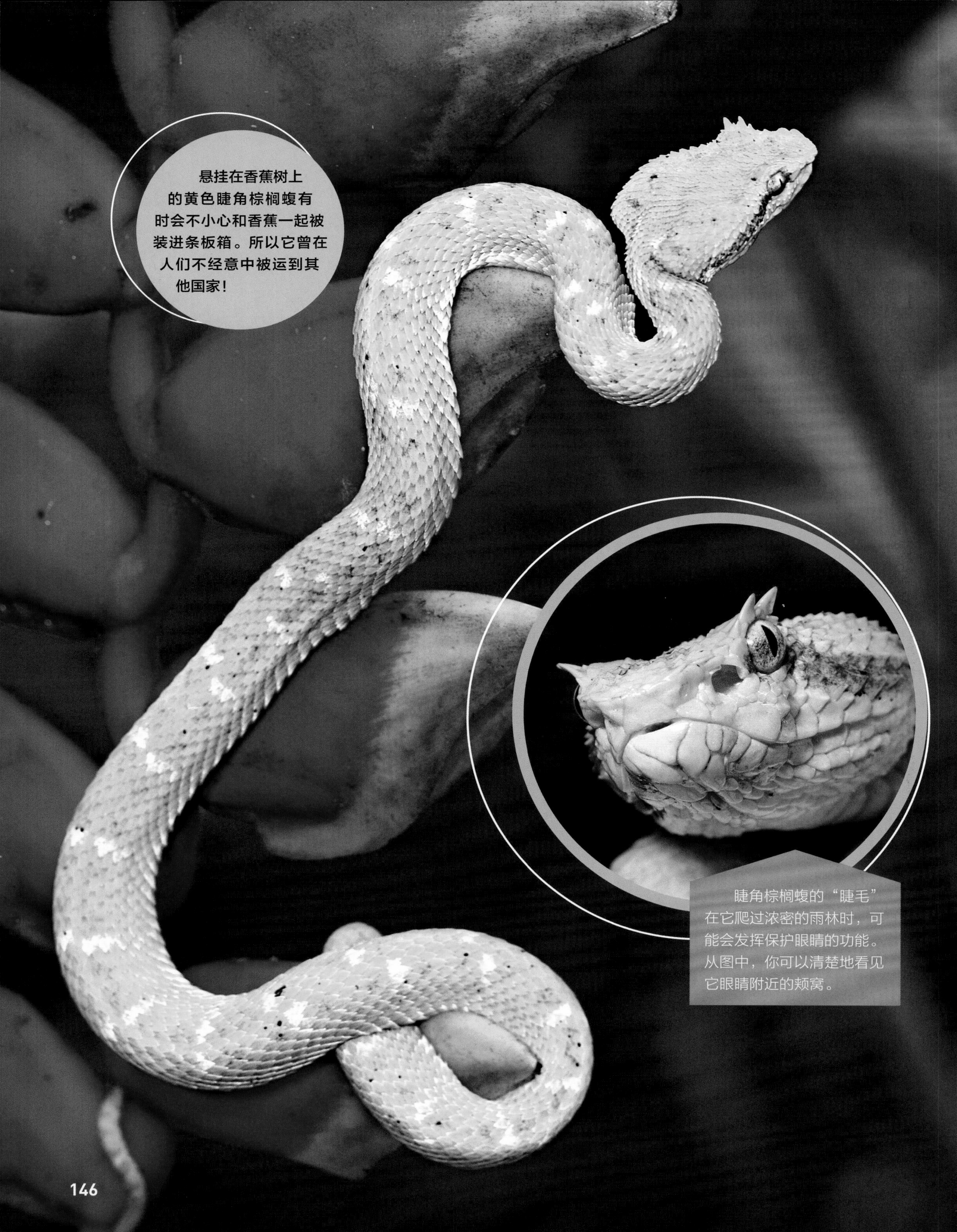

悬挂在香蕉树上的黄色睫角棕榈蝮有时会不小心和香蕉一起被装进条板箱。所以它曾在人们不经意中被运到其他国家！

睫角棕榈蝮的“睫毛”在它爬过浓密的雨林时，可能会发挥保护眼睛的功能。从图中，你可以清楚地看见它眼睛附近的颊窝。

睫角棕榈蝮

从睫角棕榈蝮的名称，我们可以得到很多信息！“睫”是指它眼睛上方的钉状鳞片，看起来就像是眼睫毛。南美洲的民间传说中提到蝮蛇在啃咬后会眨眼睛。这是无稽之谈：因为它和所有的蛇一样，没有可以眨动的眼睑。

从“棕榈”这两个字，我们可以知道它是一种树栖类蛇，也就是说它生活在树上。这种蝮蛇通常出现在热带森林的树枝、大树叶间或灌木丛上。它用尾巴悬挂在树上，会攻击鸟类、树蛙或其他靠近它的动物。等到毒液杀死猎物后，它再开始吞食。

最后，“蝮蛇”说明了它属于蝰科，这一科还包含响尾蛇、食鱼蝮和其他毒蛇。蝰蛇蛇头两侧的鼻孔和眼睛之间有颊窝，这个构造能感受热能，有助于在蛇攻击时瞄准猎物。就和其他蝰蛇一样，睫角棕榈蝮有长长的毒牙，它在刺入猎物时能向前推出，就像一种折叠式装置。

睫角棕榈蝮的体色可能是绿色、棕色、银色、粉色或灰色，并带有不同颜色的斑块或条纹。

小档案

其他中文名：
睫角蝮蛇、许氏棕榈蝮

英文名：
eyelash palm pit viper

学名：
Bothriechis schlegelii

体长：
56~81厘米

食物：
蜥蜴、青蛙、小型哺乳类、鸟类

栖息地：
雨林

分布范围：
中美洲和南美洲

加蓬咝蝰

蝰科

其他中文名：
加彭蝰蛇

英文名：
Gaboon viper

学名：
Bitis gabonica

体长：
1.2~2米

食物：
小型哺乳类、羚羊、鸟类

栖息地：
雨林、热带林地

分布范围：
非洲的撒哈拉沙漠以南地区

小档案

加蓬咝蝰的毒牙是蛇类世界中最长的，体形较大的加蓬咝蝰的毒牙可以长到4厘米长！它会把毒牙刺入猎物体内，例如鸟类、鼠类、羚羊，甚至浑身是刺的豪猪。

它的身体表面有棕色、灰色、紫色和黄褐色的几何图案，看起来就像是地毯编织者创作的工艺品。被捉住笼养的加蓬咝蝰的纹路非常引人注目，然而若是蜷曲在森林底层的落叶堆里，完美的伪装能让它隐身在背景中。这种蛇用埋伏的方式捕捉猎物——它会静静等待猎物从它身边走过。

加蓬咝蝰的体重能达到8千克，是非洲最重的蝰蛇。尽管它的体形较大，却不会主动找麻烦。科学家和其他人提到，当他们不小心踩到隐藏起来的加蓬咝蝰时，它通常都没什么反应。

不过它移动的速度非常快，而且就算是身材魁梧的成年人被咬到也可能会有生命危险。它的头呈三角形，特别宽，因为它的头部有巨大的毒腺。加蓬咝蝰制造的毒液量比任何其他毒蛇都要多：它的毒腺内含有将近10毫升的毒液，这个剂量足以杀死30个人。

就和其他的蝰蛇一样，加蓬咝蝰在攻击时能把毒牙向前推出，毒液就沿着中空的毒牙注射到被咬的对象体内。

攻击时，蝰蛇能控制注射的毒液量。

响尾蛇的响环是由中空的环状构造组成的，就好像穿在一起的塑料珠。蛇蜕皮时响环不会脱落，反而还会增加一个响环。但随着时间流逝，响环常会断裂，所以我们不能靠响环的数量来推算蛇的年龄。

刚孵化出来的响尾蛇只有一个响环，称为扣状体。

草原响尾蛇

蝰科

南、北美洲共有超过30种响尾蛇分布，尾巴上的响环让它们成为蛇类中独特的一群。响尾蛇会快速摇动尾巴来发出警告。响尾蛇通常不希望引起注意，所以平时会保持安静，但如果有动物快要踩到它，或是遇到捕食者时，它就会发出声响。小心这个警告，因为响尾蛇有毒！如果你不理会它的大声警告，它可能就会发起攻击。它在离目标最远有自身体长三分之一的距离外就能发动攻击。

在北美洲的西部，草原响尾蛇是分布最广泛的响尾蛇，且有很多不同的亚种，例如深色的亚利桑那黑响尾蛇，以及米色的霍皮响尾蛇。

响尾蛇主要以鼠类为食，例如地松鼠和其他小型哺乳类。这样的食性让它成了农民的最佳盟友，因为地松鼠最喜欢的食物就是农作物。在美国的爱达荷州南部，科学家发现草原响尾蛇的食物中，有80%是幼小的地松鼠，响尾蛇每年能够吃掉大约14%的地松鼠宝宝。

小档案

其他中文名：
西部响尾蛇

英文名：
western rattlesnake

学名：
Crotalus viridis

体长：
0.6~1.5米

食物：
小型哺乳类、鸟类、爬行动物

栖息地：
草原、多岩石地区、灌丛

分布范围：
北美洲西部，从加拿大南部到墨西哥北部都有分布

角响尾蛇

蝰科

其他中文名：
沙漠响尾蛇

英文名：
side winder

学名：
Crotalus cerastes

体长：
48~80厘米

食物：
小型哺乳类、鸟类、爬行动物

栖息地：
沙漠

分布范围：
美国西南部，墨西哥西北部

小档案

夏天的清晨，当你在美国西南部沙漠的沙丘附近漫步时，可能会发现地上有一连串的并行线。这些“J”字形的线条斜斜翘起，好像有人在沙地上打钩做记号。这种神秘的记号其实是响尾蛇爬过的痕迹。

角响尾蛇身体的颜色就和沙漠中的沙粒很像，它是一种小型的响尾蛇。跟世界上其他生活在松散沙地的蛇类一样，它是用“侧弯跃行”的方式运动的。首先它身体的前半部要向前抛出，接触地面后，后半部再跟着移动，而身体中间的部分则是以悬空的方式前进。看起来就像蛇在沙漠的地表上滑行。

在炎热的夏季，角响尾蛇白天就躲在废弃的鼠类地道或是其他的隐秘处，夜里再出来觅食。成年响尾蛇会吃各种小动物，出生不久的响尾蛇则捕食小型蜥蜴，通过扭动尾巴引诱它们。响尾蛇宝宝在地道中出生，出生后第一周到第二周的白天都会待在地道中。

角响尾蛇并不是唯一会侧弯跃行的蛇！一些非洲的沙漠蛇类也会侧行，部分亚洲的水蛇在通过滑溜溜的泥滩地时也是这样移动的。

角响尾蛇眼睛上方有突起的角状鳞片，在蛇钻进沙里时，这样的构造也许能防止眼睛被沙粒盖住。

在交配季节，雄性极北蝰会相互扭打。不过，这种蛇不会撕咬对方，而是拼命地把对方摔到地上。
一些极北蝰的体色是黑色的，它们分布在比普通极北蝰更靠北的地区，因为在这里，它们黝黑的体色比普通的极北蝰更容易吸收太阳光。

极北蝰

蝰科

极北蝰是唯一一种生活在北极圈内的蛇。北极圈是地图上的一条线，它所环绕的区域处于地球的最北部，那里树木稀少。北极圈是北极熊、驯鹿等动物的家园，它们极好地适应了那里严寒的环境。但你不会指望那里会有蛇。

然而，极北蝰却演化出能适应寒冷天气的习性。例如，冬季时，会有好几条极北蝰在同一个蛇洞里一起冬眠。在极北蝰广泛分布的大多数地区，它们冬眠的时间只有五个月，但在北部地区的极北蝰的冬眠时间却可长达九个月。雌性极北蝰在夏末产卵，几周后，孵化的幼体会寻找冬眠的洞穴。

春季来临时，虽然地面上仍覆盖着雪，但只要有阳光照射，极北蝰都会出洞晒太阳。最先苏醒的是雄性极北蝰，此时，它们会蜕去旧皮，沐浴阳光。同时也做好和在几周后出洞的雌性交配的准备。雌性极北蝰的体形比雄性要大，体色呈淡黄色、棕色或淡红色。而雄性的体色通常为奶油色或银灰色。它们的共同特征是背上排列着“之”字形的黑色斑纹。

其他中文名：
龙纹蝰

英文名：
adder

学名：
Vipera berus

体长：
0.6~1米

食物：
青蛙、蜥蜴、幼鸟、小型哺乳动物

栖息地：
荒野、林地、沼泽、湿地、草地、海岸沙丘

分布范围：
亚欧大陆

东部猪鼻蛇

游蛇科

其他中文名：
膨蝰

英文名：
eastern hog-nosedsnake

学名：
Heterodon platirhinos

体长：
51~116厘米

食物：
蟾蜍、爬行动物、爬行动物的蛋、昆虫、蝾螈、小型哺乳类

栖息地：
田间、湿草原、林地

分布范围：
加拿大东南部、美国中部和东部

“爬行动物奥斯卡”最佳演员奖——东部猪鼻蛇！ 这种蛇在受到攻击时，会有非常戏剧化的演出。

首先，猪鼻蛇会虚张声势，发出咝咝声。它的头会突然向前探，假装要发动攻击。如果这种类似眼镜蛇的行为还无法吓退捕食者，它还有第二招：“装死”。它会激烈地滚动、扭动身躯，好像正忍受着极大的痛苦，甚至还会呕吐出上一餐吃下肚的食物，最后一动也不动地躺着，嘴巴张大、舌头无力地垂在外面，还流着口水。直到环境安全以后，它才会恢复原状再爬走。

而对人类来说，它到底会不会伤人？其实它只会虚张声势，并不会真的咬人。它很少咬人，猪鼻蛇对蟾蜍更有兴趣，因为那是它主要的食物。蟾蜍是很吓人的食物，很多种蟾蜍都会分泌毒液，被蛇攻击时还会鼓胀身躯，让自己变得难以下咽。

但是猪鼻蛇可以延展它的上下颚，再把膨胀的蟾蜍吞下肚。它的上颚后方有毒牙能注射毒液。不过，毒液的毒性很微弱，对人类无害，但却足以杀死蟾蜍。毒牙也可能有助于释放胀大的蟾蜍身体里的空气，就像拿尖尖的东西刺破气球一样。另外，猪鼻蛇似乎不受蟾蜍毒液影响，它对蟾蜍的毒性免疫。

猪鼻蛇的名称源自其向上翘的口鼻部，它的口鼻部就像铲子一样能用来挖地道，把藏在地下的蟾蜍挖出来吃。

猪鼻蛇“装死”的自我防御行为很有名。因为很多捕食者对死掉的动物没兴趣，所以装死这招能够救猪鼻蛇一命。

瘦蛇受到威胁时，它会转向攻击者，张开有鲜艳颜色的嘴巴，同时鼓大身躯，秀出惊人的黑白棋盘状花纹。

中美洲和南美洲的绿蔓蛇是另一种蛇，它和瘦蛇有相同的俗名、相似的栖息地和适应能力（请参考第41页）。

瘦蛇

游蛇科

瘦蛇是生活在绿色藤蔓之间的蛇吗？没错！这种又长又细的蛇会在树梢上缓缓缠绕着藤蔓、树枝、树叶等。它靠伪装来隐藏自己，以此来躲过捕食者，也能使猎物无法发现它的存在。如果瘦蛇感觉到有危险，它会立刻静止不动，让自己看起来就像一条藤蔓。不过有风吹过树梢时，它也会缓缓摇摆身体，看起来就像随风飘动的植物。

瘦蛇细瘦的身体一直延伸到它箭头形的头部。脸部两侧都有细细的凹槽延伸到眼睛前方，完美地和它钥匙孔般的瞳孔对齐。瘦蛇的视线在锁定猎物时，就像是猫会紧盯着老鼠似的，小心翼翼地计算距离后，突然向前探头咬住猎物。

这种蛇属于“后毒牙”蛇类，它用嘴巴后方的牙齿释放毒液，而不像蝰蛇那样用嘴巴前方的毒牙注射毒液。它的毒牙和响尾蛇中空的毒牙不一样，毒液会沿着牙齿的沟槽流下来。当蛇抓住蜥蜴时，它用上下颚把蜥蜴往嘴里送，让后方的毒牙刺进猎物身躯，再用毒液杀死猎物。

小档案

其他中文名：
长鼻鞭蛇、绿蔓蛇

英文名：
green vine snake

学名：
Ahaetulla nasuta

体长：
1~1.5米

食物：
鸟类、蜥蜴、青蛙

栖息地：
雨林、林地、沼泽

分布范围：
南亚、东南亚

天堂金花蛇

游蛇科

大多数时候，天堂金花蛇看起来和一般的蛇没什么区别——管状、有鳞片的爬行动物，能爬树或缠绕在树枝上。但是当捕食者接近时，天堂金花蛇会做出让人大吃一惊的事：会从树梢跃向空中滑翔而去！

天堂金花蛇并没有真正的飞行能力，因为它没有翅膀，只是会滑翔而已，就和飞蜥（第90~91页）一样。当提起肋骨时，它原本像腊肠一样的身体会突然扁掉，还会弯向侧边。这种身型的改变能使它变身为滑翔机，以一定的角度飞向另一棵树，或是降落到地面。滑翔时，它甚至还能借着扭动“S”形的身体来控制方向，这一招能让它最远滑翔至30米的距离。

一直到19世纪，科学家才注意到飞蛇。一开始科学家还不相信当地人说有天堂金花蛇这种蛇。今天，一些科学家通过研究这种蛇的滑翔方式，来获得设计新型飞行器的灵感。还有一些科学家则在探究它们在滑翔时，是纯粹要从一棵树移动到另一棵树，还是为了捕猎。

其他中文名：
天堂树蛇

英文名：
paradise flying snake

学名：
Chrysopelea paradisi

体长：
1~1.2米

食物：
青蛙、蜥蜴、小型哺乳类

栖息地：
森林

分布范围：
东南亚

爬虫学家不是唯一会研究天堂金花蛇的科学家。研究能量学、力学和运动学的物理学家也对飞蛇滑翔的方式非常感兴趣。

这只蛇准备好要起飞了。首先它会把身体挂在树枝上，看起来像是英文字母J。接着它摇荡身体向前悬空，滑向空中时，它的身体会变成扁平的弧形。

食卵蛇不需要毒液或是锐利的牙齿去“捕捉”蛋，所以它没有任何防御武器。相反地，它会虚张声势、发出咝咝声，甚至用粗糙的鳞片发出刺耳的声音模仿其他毒蛇。

食卵蛇在吞蛋之前，会先确定这颗蛋是否新鲜——蛋里头只有液体，而不是成形的鸟宝宝。吞下蛋汁后，它会把蛋壳打包成一袋垃圾，然后吐掉。

食卵蛇

游蛇科

你能想象你只能在春天进食，一年中的其他季节都没有食物吃的生活吗？这正是食卵蛇的写照。很多蛇都会吃蛋，它们通常是把整颗蛋吞下去。但是食卵蛇已经进化出特殊的适应方式，简直就像台卵加工机器！

食卵蛇的捕食从突袭鸟巢开始，不管这些鸟巢是位于地面、灌木丛中，还是树上。它会把蛋固定在坚固的表面，然后用上下颚把蛋包住。它的上下颚和皮肤都非常有弹性，所以能吞下相当于它头部四倍大的蛋。

蛋一进入喉咙后，事情就越来越有趣了！这时候，蛋会先被固定住，然后被刺穿、压碎——不是用牙齿，而是用向喉咙内部伸入的坚硬、钉状的脊椎骨。

大部分这种特化的脊椎骨只是把蛋固定在喉咙的位置，防止它掉出嘴巴或是滑到胃里。而它们之间有些脊椎骨会被用来刺破、压碎蛋壳，让蛋汁能流进胃里。最后破掉的蛋壳会被挤成一团再吐掉。

小档案

其他中文名：
非洲食卵蛇、菱形食卵蛇

英文名：
African egg-eating snake

学名：
Dasypeltis scabra

体长：
0.8~1米

食物：
蛋

栖息地：
除了雨林和沙漠以外的多种栖息地

分布范围：
非洲

非洲树蛇

游蛇科

非洲树蛇看起来并不像是太吓人的蛇。它的身体细细长长，以蜥蜴和其他小型猎物为食。但是它的毒性很强，如果被咬一口，就足以使人类致死。

不过非洲树蛇不会主动攻击人类。大部分被非洲树蛇咬的人都是因为把它拿在手上，或是做了伤害它的动作。还好在非洲树蛇分布的地区，医院都有抗蛇毒血清，能治疗被非洲树蛇咬伤所引起的症状。（专业的爬行动物操作人员手边可能也都有抗蛇毒血清，以备不时之需。）

就和其他的毒蛇一样，非洲树蛇会用毒液来杀死猎物。它通常在树上捕猎，偷偷地滑到变色龙的上方，然后再突然发动攻击。非洲树蛇的毒牙长在嘴巴后方，所以它会反复咀嚼扭动的猎物，把更多的毒液注射进猎物的体内。

非洲树蛇的名称“boomslang”，在南非荷兰语（非洲有部分地区使用这种语言）中的意思是树上的蛇。非洲树蛇自在地生活在树梢上，这种蛇有多种不同的体色，有助于伪装并融入周围环境的树枝和树叶中。它们甚至会在树上交配，这在蛇类当中是很不寻常的行为。雌蛇会把卵产在靠近树的地面上，或是空鸟巢中。

小档案

其他中文名：
树蛇

英文名：
boomslang

学名：
Dispholidus typus

体长：
1.2~1.8米

食物：
鸟类、蜥蜴

栖息地：
热带稀树草原林地、棘刺丛

分布范围：
撒哈拉沙漠以南的非洲地区

抗蛇毒血清能用来对抗毒液引起的有害症状。首先，研究人员要从被抓到的蛇的毒牙部位，像“挤牛奶”一样收集毒液。接着把经过干燥的毒液加入含盐溶液中，再注射到马或羊身上。由于剂量很少，所以不会伤害到动物，但是动物的血液中还是能产生对抗蛇毒的物质。最后，再从动物身上抽取少量血液（同样也不会伤害动物），用来制造抗蛇毒血清。这样的药物就能用来治疗被蛇咬伤的人类和动物。

非洲树蛇和瘦蛇（第158~159页）一样，有细长的瞳孔，能帮助它注视猎物，并估算和猎物之间的距离。

在野外的不同地区，玉米锦蛇的颜色也都不相同：可能是红色、橘色、棕色或灰色。

玉米锦蛇

游蛇科

玉米锦蛇这个名称是怎么来的呢？这可能和它喜欢的食物有关，不过不是玉米，而是吃玉米的有害动物。农夫通常会把玉米存放在木制的玉米谷仓中，谷仓有百叶板，能让玉米周围的空气流通。不幸的是，各种鼠类也会从这里溜进谷仓。所以这种橘色的、前来享用鼠类大餐的蛇不仅让农夫感激不已，也赢得了“玉米锦蛇”的称号。

玉米锦蛇腹面的外观可能也是它名字的由来。它的腹面主要是由黑色和白色的大鳞片组成，看起来就像西洋棋的棋盘。

玉米锦蛇在野外的数量不少，却不常见。举例来说，在玉米锦蛇分布范围的南部区域，它们主要在夜间活动。它也更喜欢躲在岩石、原木下，或是地道中。虽然它喜欢待在低处，但它却是非常出色的攀爬高手，能爬到树上吃鸟蛋、鸟宝宝，甚至是休息中的蝙蝠。

玉米锦蛇现在也在天然栖息地以外的地区出没，例如美国的夏威夷、加勒比海地区和欧洲，它们可能是意外随着船上的货物被运送出去，或是逃出去的宠物。

小档案

其他中文名：
红鼠蛇、粟米蛇、东部玉米蛇

英文名：
corn snake

学名：
Pantherophis guttatus

体长：
0.6~1.8米

食物：
蜥蜴、青蛙、鸟类、小型哺乳类

栖息地：
林地、田野、湿地、松木荒原

分布范围：
美国东部、东南部

钓鱼蛇

游蛇科

小档案

其他中文名：
箭鼻水蛇

英文名：
tentacledsnake

学名：
Erpeton tentaculatum

体长：
0.6~1米

食物：
鱼类

栖息地：
湖泊、池塘、河川、溪流、沟渠、水田

分布范围：
东南亚

钓鱼蛇看起来很奇妙又不可思议！它奇怪的地方是从口鼻部开始，顶端有两根像手指一样的触角，这也是它俗名的由来。它在水中的动作也很奇特：大多数时间，它都用尾巴紧紧缠着水面下的植物或植物的根部，身体静止不动，看起来就像英文字母“J”。

事实证明，这种外观像鱼钩的钓鱼蛇真的会钓鱼！它高超的伪装技巧使自己看起来就像一根枝条，水中的鱼会接近它。当鱼游到“J”的弯曲处时，那里刚好靠近蛇的颈部，蛇颈部的肌肉一收缩，就能造成一阵水波涌向鱼身。对鱼而言，这种水波预示着“捕食者来了”，所以它会迅速地朝反方向逃走——甚至没办法思考到底是怎么一回事，因为迅速游离是一种条件反射，就像你的手碰到热热的炉子时会很快缩回去。

不幸的是，这样的反射动作会让鱼游向蛇的头部，有时还会直接游进它的嘴巴里！蛇就只要摆头一口咬住上当的鱼，就能好好享用一餐了。

钓鱼蛇是唯一拥有触角的蛇。过去大家一直认为触角是用来引诱猎物的诱饵，但事实上，这对触角有助于它在夜里或是混浊的水中寻找鱼类。

钓鱼蛇会像树枝一样一动也不动地等待猎物。如果有人把它捉出水面，它还是会保持静止不动。

很多牛奶蛇不受其他蛇的毒液影响。

蛇蛋和刚孵化的蛇宝宝。

锡纳奶蛇

游蛇科

锡纳奶蛇就和其他的牛奶蛇一样，有细长而光滑的身体和窄小的头部。但是要辨别它和其他种类的牛奶蛇也很容易，因为它身上的红色条纹比黑色和黄色的条纹宽得多。

牛奶蛇看起来像有毒的珊瑚蛇，它的体色是一种警戒——虽然这种蛇根本没有毒。多彩的条纹可能也会让捕食者眼花缭乱，看不清它的移动方向，这样它就能争取更多的逃跑时间。

但它为什么叫作牛奶蛇呢？这个名字源自一则古老的传说：牛奶蛇会偷喝母牛的奶！古代有些农民相信这样的传说，因为牛奶蛇常在谷仓出没。但是蛇会出现在那里是因为它捕捉鼠类，并不是要从母牛的乳头吸奶。蛇的身体构造根本不可能做出吸奶的动作。

小档案

其他中文名：
牛奶蛇

英文名：
Sinaloan milk snake

学名：
Lampropeltis triangulum sinaloae

体长：
1~1.2米

食物：
爬行动物、两栖类、小型哺乳类

栖息地：
岩石区、干燥区域

分布范围：
墨西哥西北部

牛奶蛇通过缠绕的方式杀死猎物。牛奶蛇缠绕猎物时，会紧紧咬住它的头。就和其他的蟒蛇一样，牛奶蛇能感受到猎物的心跳。当它发现猎物心跳停止后，就会松开猎物，接着从头开始吞食。

马达加斯加叶吻蛇

游蛇科

马达加斯加岛位于非洲大陆近海，它的面积跟美国得克萨斯州差不多大。岛上有惊人的生物多样性：约有四分之三的物种都是特有种，在地球上其他地方无法找到。马达加斯加叶吻蛇就是其中一种独特的生物。

蛇的吻部通常不那么引人注意——但你绝不会错过叶吻蛇的吻！雄性叶吻蛇有个像鱼叉般的长吻；雌蛇的吻则比较宽，像一片树叶。没有人确切知道这么奇怪的吻部在蛇身上到底有什么功能。

叶吻蛇可能会挂在树上埋伏猎物。它会随着微风像藤蔓一样轻轻摇摆，缓慢地一步步靠近毫无防备的蜥蜴。因此，有些爬虫学家认为吻的构造能让它伪装成一根枝条或是豆荚。而另一些科学家则认为奇怪的吻可能有助于蛇攻击猎物的后颈，因为叶吻蛇通常会抓住猎物身体的这个位置。至于雄蛇和雌蛇的外表为什么差异这么大，到现在还是个谜团！

小档案

其他中文名：
马达加斯加藤蛇、马拉加西叶鼻蛇、叶鼻蛇、马达加斯加叶吻蛇、马达加斯加鹤蛇

英文名：
Madagascar leaf-nosed snake

学名：
Langaha madagascariensis

体长：
70~90厘米

食物：
蜥蜴

栖息地：
低地森林

分布范围：
马达加斯加

根据一则古老的传说，雄性蛇会从树上突然把头低下来，用它那鱼叉一般的尖吻刺进经过的动物的身体！不过蛇不会真的这样做，何况那支“鱼叉”是柔软且容易弯曲的构造。

雌蛇有长得跟树叶一样的吻，让人能轻易辨别它和雄蛇（吻尖尖的）的不同。另外，雌性和雄性的体色也不一样。

叶吻蛇刚孵化时，吻是向背后的方向反折的，粘在头的上方。孵化后的两天内，吻会展开到它应在的位置上。

其他的袜带蛇也会根据颜色命名，如红点袜带蛇、蓝条袜带蛇和黑腹袜带蛇。

加拿大马尼托巴的纳西斯的北部，石灰岩洞穴中有数万条的剑纹带蛇红边亚种在这里冬眠。邻近的城镇因伍德镇还建了巨大的红边袜带蛇雕像。

剑纹带蛇红边亚种

游蛇科

早春天气逐渐回暖的时候，加拿大的剑纹带蛇红边亚种开始从它们过冬的洞穴中出来活动。它们懒洋洋地在洞口晒太阳，并等待着。先爬出洞口的蛇都是雄性，它们会等较晚苏醒的雌蛇爬出洞穴。

雌蛇爬出洞口时，就会立刻引起骚动。雌蛇会释放一种名为信息素的化学物质来吸引雄性。很快，它的身边就会围绕数十条雄蛇，它们全都使出浑身解数要竞争和雌蛇交配的机会。雄蛇互相推挤、试图更靠近雌蛇的同时，它们扭动的身体会形成一团围绕着雌蛇的大球。

初夏时，每一条雌蛇会产下10~15条小蛇。秋季来临，白天逐渐缩短、气温开始下降时，袜带蛇就会回到洞穴中。有些蛇可能要走数千米远才能回到洞中。在洞穴中，蛇的体温逐渐下降，且变得不活跃，它们在洞穴中躲避严寒的冬天，因为寒冷的天气可能导致它们死亡。

袜带蛇是北美洲分布最广的蛇类，有许多亚种，剑纹带蛇红边亚种是其中之一。它们是分布在最北的亚种，其他亚种的分布最远能到中美洲最南端。

其他中文名：
加州红边袜带蛇

英文名：
Garter snake

学名：
Thamnophis sirtalis parietalis

体长：
0.5~0.6米

食物：
昆虫、鱼、青蛙、蝾螈、小型哺乳类

栖息地：
溪流、池塘、湖泊、沼泽、田野、森林边缘、草地、林地

分布范围：
北美洲中部

眼镜王蛇

眼镜蛇科

其他中文名：
山万蛇、过山峰

英文名：
kingcobra

学名：
Ophiophagus hannah

体长：
3~4米

食物：
蛇类、蜥蜴、蛋、小型哺乳类

栖息地：
平原、雨林

分布范围：
南亚、东南亚

小档案

眼镜王蛇是世界上体形最大的毒蛇，它的毒液量非常多，攻击时所释放的毒液足以杀死一头大象。

眼镜王蛇可以长到4米长，有些巨大的个体甚至长达5.5米。当受到威胁时，它会抬高身体的前三分之一、离开地面，这样的姿势能让眼镜王蛇的眼睛几乎和人类的眼睛位于同一个高度。更吓人的是，它会展开颈部皮褶，同时发出巨大的咝咝声。

虽然在受到威胁时，眼镜王蛇是非常凶猛的蛇类，但是它通常只会管自己的事。因为生性隐秘，眼镜王蛇在野外并不常见。对人类而言，它也有温馨的一面：它是唯一会为蛋筑巢的蛇类。雌蛇会盘绕身体把树叶、树枝和泥土聚集成一团来做巢，甚至还会守在巢边直到小蛇快孵化时才离开。

眼镜王蛇“*Ophiophagus*”意为“食蛇者”，它专吃其他蛇类。强烈的毒液能麻痹猎物，甚至在它吞下猎物的时候，毒液就已开始消化猎物了。

在守卫巢内的蛋时，雌眼镜王蛇就是“山丘之王”。它会盘绕着它的巢长达两到三个月，等待小蛇孵化，它甚至不会离开去觅食。

眼镜王蛇会展开颈背的肋骨，让自己看起来更大。英文中有一个词汇用于形容这种行为“hooding”，意为“戴连颈帽”。

澳蠕蛇会从盲蛇的头部开始吞食。如果它吃到的是一条特别长的盲蛇，它会先消化吞下肚的部分，而猎物身体的其他部位就留在嘴巴外。
澳蠕蛇炫目的黑白环纹到底有什么作用？一种假说认为这样的花纹能让捕食者在昏暗的光线中难以看清楚快速逃离的澳蠕蛇的确切位置。

澳蠕蛇

眼镜蛇科

一身醒目的黑白环纹让澳蠕蛇看起来像是毒性很强的毒蛇，似乎不论何时、何地，它都能偷偷地接近猎物。但是“蛇不可貌相”，这种蛇其实生性隐秘，目前我们对它的了解不多。

它会这么神秘有一部分原因跟它的习性有关。首先，它是夜行性动物。大部分看过它的人都是在下雨的夜里，开车经过它的栖息地范围，看见它正在过马路。另外，它生活在地底，大部分的时间都躲在木头或岩石下方，或是地道中。

澳蠕蛇会捕食和它同样隐秘生活的猎物——盲蛇。长得和蠕虫很像的盲蛇吃蚂蚁的卵和幼虫，而一般认为澳蠕蛇几乎只以盲蛇为食。它能吞下比自己还要长的盲蛇。

澳蠕蛇有毒，但是它的嘴巴很小，而且自我防卫时通常不靠“咬”来攻击。相反地，它会做出很奇怪的行为来让捕食者（例如猫头鹰和猫）感到困惑：用头和尾巴抵住地面，再把身体举到空中形成环状。这个奇怪的姿势加上黑白相间的环纹，会令捕食者搞不清楚蛇的头到底在哪里、它想做什么，以及它会朝哪个方向逃走！

小档案

其他中文名：
环蛇

英文名：
bandy-bandy

学名：
Vermicella annulata

体长：
50~80 厘米

食物：
盲蛇

栖息地：
沙漠、平原、林地、雨林

分布范围：
澳大利亚北部和东部

钩盲蛇

盲蛇科

如果有人告诉你：有一种蛇终有一天将要遍布全世界几乎所有地区，你大概不会想到那是一条比鞋带还短的小蛇。这种征服全世界的蛇，真的是最无害、最小型的蛇类之一，它就是钩盲蛇。

钩盲蛇生活在地底下的成堆的潮湿落叶中、木头下方，或是其他黑暗的地方。它吃蚂蚁和白蚁的卵及幼虫。在黑暗的世界里，它不需要敏锐的视觉，所以头上只有小小的眼睛，用来分辨明、暗。它的头部和尾巴长得很像，所以很难分辨。不过，它的尾巴末端有一根小刺，这个构造也许在它挖洞时，能帮忙支撑身体。

钩盲蛇常被误认成蚯蚓，但要区别它们也很容易。盲蛇的身体表面有鳞片，而蚯蚓的身体是一环一环的。蚯蚓运动时是靠肌肉收缩，身体会像手风琴一样伸长又缩短，但盲蛇不会。

由于生活在泥土里，钩盲蛇有机会随着植物根部的土壤，被船只运往新的国度，到世界各地旅行。这种运输方式让它得到了“花盆蛇”的别名。据了解，它也是唯一一种所有个体都是雌性的蛇种！

小档案

其他中文名：
入耳蛇、地鳝、铁丝蛇

英文名：
Brahminy blind snake

学名：
Ramphotyphlops braminus

体长：
6~16.5 厘米

食物：
蚂蚁和白蚁的卵和幼虫

栖息地：
潮湿的地面、落叶堆，城市地区、农田和森林的覆盖物下方

分布范围：
非洲、亚洲、大洋洲、美洲，及很多海岛上

世界上没有雄性的钩盲蛇！雌钩盲蛇不用交配就能产卵，所有的蛋都会孵化出雌蛇，它们和妈妈一模一样，也和彼此一模一样。

在亚洲部分地区，有时候钩盲蛇会吓到人，因为它会从浴室的排水孔里爬出来！不过它完全无害：钩盲蛇没有毒，小小的嘴巴里也只有一些小牙齿。

蚓蜥大小事

有鳞目中第三个爬行动物类群是蚓蜥：外形像巨大蚯蚓的爬行动物，它们也称为蠕蜥，大约有170种，主要分布在中美洲、南美洲和非洲大部分地区。

蚓蜥长得像蚯蚓绝不是偶然。它们都演化出了会钻洞的穴居生活方式，而它们身体的形状在洞穴中移动能更有效率。很多意外挖到蚓蜥的人，还以为自己发现了一条巨型蚯蚓。

但是若靠近一点观察，你会发现蚓蜥的身体表面覆盖了鳞片，就和其他爬行动物一样，这些鳞片围绕着身体呈环状排列。而且蚓蜥和蚯蚓不同，它有内骨骼，还有像蛇一样的舌头！

大部分蚓蜥没有脚，因为脚会妨碍它在地道中穿梭。但有些种类会有爪状的前脚，能用来挖掘。

蚓蜥小小的眼睛就藏在鳞片下，只能用来区分明、暗。但是这样的构造对它来说已经足够了，它主要靠隐藏起来的耳朵和敏锐的舌头寻找猎物，然后用剪刀状的牙齿抓住猎物并撕下肉块。

蚓蜥的皮肤并没有紧紧地和身体相连，就好像它穿了一只太大的袜子一样：松垮的皮肤在移动时，能像手风琴一样延展或缩起身体，这在地道中爬行时非常有用。许多蚓蜥能通过断尾转移捕食者的注意力，趁机逃脱。不过和蜥蜴不同的是，蚓蜥只能断尾一次，断掉的尾巴不会再长回来。

短蚓蜥（*Pachycalamus brevis*）

短蚓蜥只有在印度洋的索科特拉岛上才能找到。

蠕虫蚓蜥（*Diplometopon zarudnyi*）

中东地区都有蠕虫蚓蜥的踪影，长有鳞片的扁平头部有助于它在沙子和土壤中钻动。

范氏蚓蜥（*Amphisbaena vanzolinii*）

范氏蚓蜥是以巴西的动物学家范索里尼（Vanzolini）的名字来命名的，他专门研究蚓蜥。

黑白蚓蜥（*Amphisbaena fuliginosa*）

黑白蚓蜥生活在南美洲北部的热带雨林中，但令科学家惊讶的是，在一处干燥的牧草地竟然也发现了它的踪迹！

白线蚓蜥

蚓蜥科

白线蚓蜥是世界上最大的蚓蜥之一，它能长到和角响尾蛇一样长，和棒球场上卖的特大号法兰克福香肠一样粗！ 但是和响尾蛇（或是热狗）不同的是，白线蚓蜥大部分时间都在地下洞穴中活动。它有时会到地面上来，不过都隐藏在落叶堆中。

白线蚓蜥通常捕食小型猎物，例如蚂蚁、其他昆虫和蜘蛛。它会住在切叶蚁的巢穴中，而且似乎一点都不怕蚂蚁的叮咬。圈养环境中的白线蚓蜥有着强壮的上下颚，足以对付像老鼠这样的猎物。

当白线蚓蜥受到威胁时，它会通过卷起身躯，同时举起头部和尾巴来防御。人类把它这种行为称为“双头蛇”，因为它的头和尾巴实在长得太像了，除非张开嘴巴，不然很难分辨到底哪一端是它的头部！

白线蚓蜥身体表面也覆盖了坚韧的皮肤，尤其它的尾巴特别坚硬。然而蛇能攻破这一身铠甲，它们是蚓蜥的主要天敌。

小档案

其他中文名：
白腹蚓蜥、白蚓蜥、巨蚓蜥

英文名：
red worm lizard

学名：
Amphisbaena alba

体长：
42~75 厘米

食物：
昆虫、蜘蛛、蠕虫

栖息地：
热带稀树草原、雨林、农田

分布范围：
南美洲

2009年科学家发表的一篇论文中提到曾见过一只白线蚓蜥在河里游泳。在此之前，人们认为蚓蜥一般很难移动到新的栖息地。

白线蚓蜥的鼻孔是在侧面开向后方的，所以里面不会被尘土塞满。如果鼻孔朝前的话，就可能发生这种状况。

欧洲蚓蜥也称为地中海蚓蜥。蛇、蜥蜴、蜈蚣，甚至是野猪都会猎捕它们作为食物。蚓蜥往往会迅速开始挖地道，以躲避捕食者。

欧洲蚓蜥在冬天快结束时进行交配，那时候，它们身体末端会分泌一种黏液帮助蚓蜥找到彼此。

欧洲蚓蜥

欧洲蚓蜥是第一批被仔细研究的蚓蜥之一。科学家翻开石头、推开倒木、挖掘土壤，就是想找出更多关于这种穴居生物的信息。现在他们研究时，也会运用先进的科技来帮助他们找出到底是谁躲在岩石中！

2011年，一位研究化石的科学家在西班牙发现了一块有趣的岩石。他知道岩石中含有化石，但他担心如果要削凿石块挖出化石，可能会毁了它。所以科学家使用计算机断层扫描来检查岩石的内部。

通常化石出土时都是破碎的、不完整的碎片，必须像拼拼图一样把碎片拼起来，才能知道古生物的原貌。但是计算机断层扫描显示：岩石中有一副几乎完好无缺的小头骨。它是生活在约1100万年前的欧洲蚓蜥的祖先。这项发现显示在漫长的时间里，蚓蜥的构造并没有发生太大的改变。

科学家获得了更多关于欧洲蚓蜥的信息。例如：研究显示，在分布区域西南侧的蚓蜥有一些遗传上的差异，这表示它可能是另一个物种。这种蚓蜥体形较大，而且身上的环数也和其他蚓蜥不同。

欧洲蚓蜥科

小档案

其他中文名：
地中海蚓蜥、伊比利亚蚓蜥

英文名：
European worm lizard

学名：
Blanus cinereus

体长：
10~20 厘米

食物：
蚂蚁、白蚁

栖息地：
潮湿、沙质的土壤

分布范围：
葡萄牙、西班牙

佛罗里达蚓蜥

佛罗里达蚓蜥科

其他中文名：
无

英文名：
Floridaworm lizard

学名：
Rhineura floridana

体长：
18~30 厘米

食物：
蠕虫、白蚁和蜘蛛

栖息地：
沙质土壤

分布范围：
美国佛罗里达州北部和中部，佐治亚州的小范围区域

小档案

沙质土壤是佛罗里达蚓蜥最甜蜜的家园。它是佛罗里达蚓蜥科中唯一现存的物种，也是美国境内唯一的一种蚓蜥。其他曾经生活在美国平原的种类早就已经灭绝了，现在只剩下化石。

和其他的种类相比，身体表面呈淡粉红色的佛罗里达蚓蜥看起来更像是一条虫。它在地面的堆肥或落叶堆中钻动。但若是受到打扰，它会迅速钻回地道中——尾巴那端先下去。

佛罗里达蚓蜥铲子状的头部和东部猪鼻蛇（第156~157页）向上翘的口鼻部很相似。不过这两种爬行动物并没有亲属关系，化石和遗传线索显示：蚓蜥和某些蜥蜴的亲缘关系比较近，但和蛇类的关系比较远。但是它们都演化出了能适应地道生活的身体部位，这是趋同进化的例子。

佛罗里达蚓蜥有个外号叫“墓地蛇”，听起来让人毛骨悚然，但这只是因为蚓蜥常常在人挖地的时候突然冒出来，就像钩盲蛇（第180~181页）一样，佛罗里达蚓蜥也会在花园中忽然出现，这时饥饿的鸟就会猛扑下来啄食它。

佛罗里达蚓蜥常常在强烈的暴风雨后爬出地面，因此，一些人也把它称为“雷声虫”。

佛罗里达蚓蜥铲子般的头部有助于挖洞。挖洞时它会把头铲进沙里，抬头后再往下钻，同时清掉挡在路上的泥土。

墨西哥也是三趾和四趾双足蚓蜥的家园。

五趾双足蚓蜥常被称为鼹鼠蜥，因为它的脚和鼹鼠很像。这两种动物都会在地底下挖隧道，而且几乎都生活在我们看不到的地方。

五趾双足蚓蜥

五趾双足蚓科

蚓蜥已经是一种很独特的生物了，但五趾双足蚓蜥可能是它们当中最特别的成员。和其他大部分种类蚓蜥不同的是，五趾双足蚓蜥在靠近头部的位置有一对脚。这对脚不是没有功用的退化器官，它们健壮而结实，末端有五个爪子，通常用来挖掘。

五趾双足蚓蜥的英文名称“ajolote”源自墨西哥阿兹特克族的语言。阿兹特克人曾经建立了一个规模庞大的王国，直到距今约500年前才瓦解。“ajolote”这个名称来自阿兹特克的神祇：修洛特尔（Xolotl），意为“怪物”或“狗”。（墨西哥有一种蝾螈也叫“ajolote”和“axolotl”。）在一些地方，五趾双足蚓蜥被称“长有小手的蛇”。

五趾双足蚓蜥会捕食在地道中发现的小型猎物，也会爬到靠近地表的地方感受猎物走动时所造成的震动。一旦发现有动静，它就会冲出去抓住猎物并拖回地下。五趾双足蚓蜥也常聚集在老旧的围篱桩附近，因为腐化的基座上会有啃食朽木的白蚁，它就在那里猎捕白蚁。

小档案

其他中文名：
双肢蜥

英文名：
ajolote

学名：
Bipes biporus

体长：
18~24 厘米

食物：
蚂蚁、白蚁、小型爬行动物

栖息地：
干燥地区如沙漠等

分布范围：
美国下加利福尼亚州

花蚓蜥

短头蚓蜥科

花蚓蜥因其身体表面布满的黑白色鳞片，又被称为“棋盘蚓蜥”。这是一种绝不会被误认为是蠕虫的蚓蜥。

花蚓蜥钻土的方式很独特。首先它用脸的边缘钻进土里，接着扭动头部，就像一台钻隧道的机器。它也会摆动头部，把土堆向隧道两旁的内壁，通过这样的方式在地底努力不懈地挖地道。人们也常常能在岩石底下发现它的踪影。

目前，科学家对蚓蜥的了解有限，但是花蚓蜥可以算是蚓蜥界里的明星了，它曾出现在一些研究蚓蜥生活的论文中。在一项研究中，科学家发现，在春天时，雌、雄蚓蜥经常成对出现在岩石下方，有时还会发现雌蚓蜥和蚓蜥宝宝在同一个地方活动。这些现象引发了科学家对蚓蜥的很多疑问，例如，它们可能有育幼行为吗？关于这谜一样的爬行动物，这还只是众多问题之一。

小档案

其他中文名：
尖尾蚓蜥、棋盘蚓蜥

英文名：
checkerboard worm lizard

学名：
Trogonophis wiegmanni

体长：
15~18厘米

食物：
蠕虫、蚂蚁、白蚁、蜗牛

栖息地：
森林、灌木丛、草地、沙岸

分布范围：
非洲西北部

花蚓蜥是少数会直接产下小蚓蜥的种类。

南美洲的斑蚓蜥就和花蚓蜥一样，有着非常醒目的外观纹路。但在它们还小的时候，身体是带有黑斑的蓝色。

海龟和陆龟

龟鳖目

乌龟大小事

在地球的历史中，现今乌龟的祖先很早就已经出现了，它们甚至还曾经和最早出现的恐龙一起在地球上漫步呢！化石显示，大约在2.2亿年前，乌龟就已经存在了。直到今天，科学家仍在根据化石证据及对现存爬行动物的研究，探究它们的演化历史。最近的研究显示：乌龟和鸟类以及鳄鱼的亲缘关系较近，和有鳞目爬行动物的关系较远（有鳞目包含所有的蜥蜴、蛇类和蚓蜥）。

乌龟属于爬行动物中的第二大目：龟鳖目。龟鳖目大约包含330种乌龟。乌龟是唯一肩胛骨和骨盆都被包裹在胸腔中的动物。肋骨、脊骨和骨板合在一起形成龟甲。龟甲包含三个部分：背甲在上，腹甲在下，这两部分由中间像桥梁一样的支架相连。

龟甲的表面覆盖着由角蛋白形成的鳞甲，其成分和我们的指甲相同，不过，有些乌龟的龟甲表面是皮革状覆盖物。虽然龟甲是像盔甲一样的保护构造，不过隔着它，乌龟还是能感受到疼痛和压力。

因为乌龟的肋骨已经与腹甲合在一起了，它们在乌龟呼吸时无法上举和下降来改变胸腔的体积。不过乌龟有特殊的肌肉能代替肋骨的功能。

就和有鳞目动物一样，乌龟也有鳞片和泄殖腔。它们没有牙齿，也没有外耳，不过它们有内耳，能听得很清楚。乌龟同大部分的蜥蜴一样，有能眨眼的眼睑。在繁殖的时候，乌龟只能下蛋，不能直接生下乌龟宝宝。

龟鳖目动物包括海龟、陆龟和水龟。它们之间有什么差别呢？“海龟”有鳍状的脚，大部分时间都待在水中。“陆龟”的脚很粗短，用来在陆地上走路，它们不会在水里生活。“水龟”则能够生活在陆地上和水中，不过它们从来不会离开水太远。

锦箱龟（*Terrapene ornata*）

美国只有两种陆龟生活在大平原区，锦箱龟是其中之一。

丽龟（*Lepidochelys olivacea*）

丽龟会在海洋中迁移数百千米，有时甚至是数千千米，才能抵达它们产卵的海滩。

赤蠵龟（*Caretta caretta*）

赤蠵龟尖锐而强壮的上下颚能大力地咬开猎物（例如螃蟹和海螺）的硬壳。

麦氏长颈龟（*Chelodina mccordi*）

麦氏长颈龟是一种生活在野外的非常稀有的乌龟，它的栖息地只分布在印度尼西亚的罗地岛上。

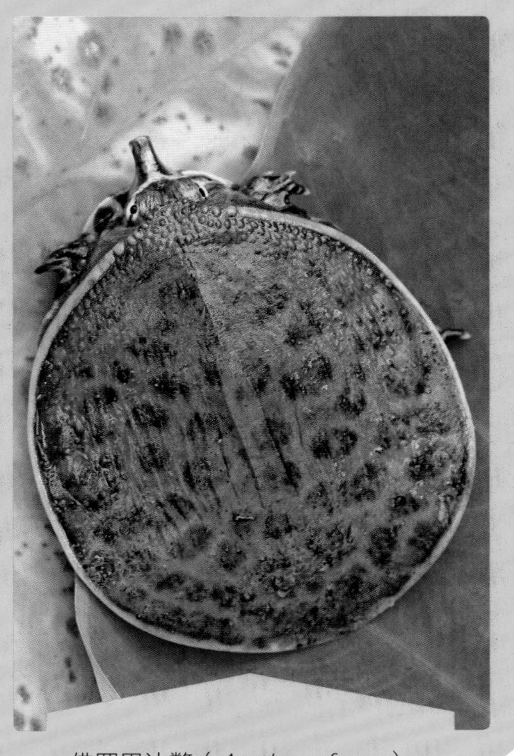

佛罗里达鳖（*Apalone ferox*）

这只佛罗里达鳖宝宝从它皮质的壳下方偷偷地往外看。

黄腿陆龟（*Chelonoidis denticulata*）

黄腿陆龟生活在南美洲的热带雨林。

卡罗来纳箱龟

泽龟科

因为它能把自己关进龟甲里，像一只紧闭的箱子，所以这种龟被称为“箱龟”。它的腹甲就像是装有铰链的门，能突然关上，把它的脚、尾巴和头部完全塞进龟壳里，以躲避危险。

卡罗来纳箱龟属于陆龟，也就是说，它生活在陆地上，而不是在水里。不过它最喜欢的还是潮湿的陆地，它还喜欢扑通一声跳进水里游泳。卡罗来纳箱龟在雨后特别活跃，白天它会爬出来寻找食物或是晒太阳。天气炎热时，它会躲到潮湿凉爽的地方，像是倒木下、树叶堆、泥巴中、洞穴里。

在北方寒冷的冬季，卡罗来纳箱龟会冬眠。它们可能钻进泥巴、泥土堆中，甚至河底。但分布在南方温暖地区的卡罗来纳箱龟不会冬眠。春季时，雌龟会筑巢，并把蛋产在里头。刚孵化的龟宝宝会面临很多天敌，但长成成体的卡罗来纳箱龟因为有壳的保护，可以活到100岁呢！

箱龟有好几个亚种，美洲箱龟（或称为东部箱龟）的分布范围最广。在美国境内，从缅因州一直到更南边的田纳西州和佐治亚州，你都能找到它的踪影，甚至在美国中西部的密歇根州也有箱龟分布。

小档案

其他中文名：
东部箱龟、美洲箱龟

英文名：
box turtle

学名：
Terrapene carolina

体长：
10~21.6厘米

食物：
蠕虫、昆虫、蛞蝓、蜗牛、果实、菇类、花、蛋、蝾螈、青蛙、鱼、蛇、腐尸

栖息地：
开阔的林地、草原、泛滥平原、牧草地、沼泽

分布范围：
北美洲东部

大部分雄性卡罗来纳箱龟的眼睛是红色的；雌性卡罗来纳箱龟的眼睛则是带金的棕色。
某些对人体有毒的菇类，箱龟也能吃。

黑瘤地图龟生活在溪流和河川中，这些水流最后都会注入莫比尔湾。莫比尔湾位于美国亚拉巴马州南部，和墨西哥湾相连。

黑瘤地图龟通常在水里觅食，苔藓虫是它的食物之一。这是一种构造简单的微小动物，会一大群聚在一起，看起来就像一团苔藓。

人类也会捕捉这种乌龟，主要是把它们卖到宠物市场。目前有一些地方已经制定法律来保护黑瘤地图龟。

黑瘤地图龟

泽龟科

黑瘤地图龟因其背上有黑色的棘状凸起而得名，它也被称为“锯齿龟”。所谓“地图”，指的是它身上波浪状的纹路，看起来就像地图上的线条。而锯齿龟这个名字则跟它背甲边缘呈锯齿状有关，它看来就像是小朋友图画中所画的太阳。

对它而言，最完美的水路就是能多晒太阳的地方，同时，水流速度适中，不会太快也不会太慢。黑瘤地图龟喜欢停在倒木上、河边的矮树，或从水中凸起的植物枝干上，这样，它就能尽情地享受阳光。它喜欢视野良好、能看清楚周围环境的地方，这样，它在晒太阳的同时，也能提防捕食者，例如鳄鱼。

雌性黑瘤地图龟的体形比雄性大。在春末和夏季，雌龟会在近水的沙地挖洞，并趁着夜晚把蛋产在里面。浣熊、犰狳和鱼鸦都会吃掉一些蛋来饱餐一顿。入侵的外来生物——红火蚁也会吃它的蛋。红火蚁是在20世纪30年代随着南美洲的货船意外进入美国的。刚孵化的龟宝宝也会被牛蛙、鱼类和鸟类捕食。

小档案

其他中文名：
黑瘤锯齿龟、三角地图龟

英文名：
black-knobbed map turtle

学名：
Graptemys nigrinoda

体长：
7.5~19厘米

食物：
昆虫、海绵、蛞蝓、蜗牛、藻类

栖息地：
溪流、河川

分布范围：
美国亚拉巴马州和密西西比州

赫曼陆龟

陆龟科

其他中文名：
西部赫尔曼陆龟、赫氏陆龟

英文名：
Hermann' s tortoise

学名：
Testudo hermanni

体长：
12~23厘米

食物：
花、草、树叶、昆虫、蛞蝓、蜗牛、蠕虫、腐尸

栖息地：
森林、干草原、灌木丛、林地、岩石坡

分布范围：
欧洲南部

小档案

大部分的乌龟都喜欢栖息在潮湿的环境中，不过赫曼陆龟大部分的时间都待在干燥的区域里。只要这个地方有食物吃、有温暖的地方晒太阳、有阴凉的地方能让它避暑，还有适合挖洞的地面能筑巢，那就会是它的理想栖息场所。

秋天快要结束的时候，这种陆龟会在腐烂的倒木下、灌木丛，或其他安全的地方挖巢穴。它会把自己塞进落叶堆中休眠以度过严冬。春天时，赫曼陆龟会陆续现身，并马上开始寻找交配对象。雄龟的求偶行为包含咬雌龟，并且像一部迷你坦克一般，撞击雌龟身体的一侧！

雌龟会在地洞中下蛋。下完蛋后，它会缓缓爬走。这些蛋在3个月后孵化，乌龟宝宝的体形很小、壳也很软，所以容易成为捕食者，例如鸟类、鼠类、狐狸、刺猬、獾、蛇类，甚至是野猪的目标。每诞生的1000只乌龟宝宝中，大约只有5只能活到3岁。

由于栖息地的消失，以及被猎捕卖到宠物市场，赫曼陆龟目前被国际自然保护联盟列入受威胁物种名单。

法国的保育组织SOPTOM（Station for the Observation and Protection of Turtles and Their Habitats，乌龟及其栖息地的观察保护站）会帮助赫曼陆龟以及其他种类的乌龟。SOPTOM设有专门的动物园，称为乌龟村，在那里，人们可以学习和乌龟保育有关的知识。

赫曼陆龟是以法国医生兼自然史学家约翰·赫曼（1738—1800）的名字命名的。你可以去法国斯特拉斯堡的动物博物馆参观，那里陈列着他收集的植物、动物骨骼和其他展品。

雌性印度星龟每年都能产下好几窝蛋。刚孵化的龟宝宝的背甲上有像斑块或蝴蝶的纹路。随着生长，它背甲上星状的图案和凸起会逐渐显现。

缅甸星龟是另一种带有星状凸起的陆龟，只分布在缅甸。它在野外几乎已经灭绝，不过目前人们在努力挽救：把圈养环境下繁殖出来的星龟重新放回自然环境中。

印度星龟

陆龟科

龟壳上亮黄色的星星让印度星龟显得光彩夺目，每一颗星都位于凸起的背甲尖端。美丽的龟壳非常引人注目，但其实在星龟原本的天然栖地中，星状的背甲能起到伪装的作用。龟壳上的凸起可能在星龟跌落、姿势不当时，发挥特殊功能：它有助于四脚朝天的星龟滚动，恢复背部朝上、脚着地的姿势。然而，并不是所有星龟的背部都有这种凸起的构造。

不幸的是，对星龟而言，有保护作用的龟壳却也是让它濒临灭绝的主要原因。野生的星龟遭到盗猎，并被卖到海外的宠物市场。印度每年有1~2万只星龟从野外被捕捉，还有数千只被当成食物贩卖。再加上栖息地消失的问题，星龟的前景堪忧。

现在，根据保护星龟的法律，捕猎、贩卖和输出星龟都是违法的。有关当局每年都救出数百只被走私的星龟。教育的普及和有效的执法能帮助星龟重新回到野外的栖息地生活。

其他中文名：
斯里兰卡星龟

英文名：
Indian star tortoise

学名：
Geochelone elegans

体长：
15~30厘米

食物：
树叶、草、果实、花、昆虫、蠕虫

栖息地：
干燥地区、半沙漠、干草原、灌木林

分布范围：
印度、斯里兰卡、巴基斯坦

饼干龟

陆龟科

其他中文名：
石缝陆龟、软甲龟、薄饼龟、扁陆龟

英文名：
pancake tortoise

学名：
Malacochersus tornieri

体长：
10~18厘米

食物：
草、树叶、花、果实

栖息地：
干草原、灌木林、岩石区

分布范围：
肯尼亚、塔桑尼亚

就像饼干一样扁！ 这是饼干龟，它扁平状的壳不同于其他任何一种乌龟。它的壳连同身体只有2.5~5厘米厚，而且这种乌龟除了很扁之外，竟然还很软。龟壳的边缘坚韧有弹性，龟甲中唯一的骨质部分就位于接合处底下。19世纪晚期，研究这一种乌龟的科学家还以为它得了什么骨头方面的疾病呢！

当饼干龟要躲避危险时，柔软又扁平的龟壳就能派上用场了。它会把自己塞进岩石堆中的缝隙，扁平状的壳能灵巧地滑进缝隙中。由于它软软的，所以也能把自己牢牢地卡在岩缝中。过去，我们曾以为饼干龟会像飞鼬蜥（第72~73页）一样，吸入空气鼓胀自己，让自己卡得更紧，不过实际上并非如此。有时一个岩缝内可能会挤进多达10只乌龟。

扁平的身型就意味着雌龟体内不会有太大的空间容纳卵，所以它一次只产下一颗蛋，有时也会产下两颗。在炎热的栖息地中，饼干龟会避开阳光和暑热。雌龟会小心地用下巴感受地面的温度，并找寻温度合适的筑巢地点。

同其他外表奇特的乌龟一样，野外的饼干龟也遭到了捕猎，并被卖入宠物市场，即使有法律保护，其自然栖息地中的族群数量仍在不断减少。

刚孵化的饼干龟的龟壳呈圆形、纹路鲜明。但随着成长，它的壳会越来越扁，而且颜色也会逐渐暗淡。
饼干龟能以每分钟18米的速度快速前进。它的前脚上有长长的脚爪，有助于在裸露的岩石上攀爬。

有些加拉帕戈斯象龟的龟甲前端有马鞍状的隆起。这些“鞍背”型的象龟能把脖子伸得更长，吃到高处的食物。因为在这些乌龟分布的区域中，生长在地面上的低矮植物较少。

鸴（xué）鸟会停在加拉帕戈斯象龟身上，吃象龟身上的昆虫或其他害虫。

加拉帕戈斯象龟

陆龟科

加拉帕戈斯象龟是全世界最大的陆龟，只分布在太平洋上的火山群岛上，位于厄瓜多尔以西966千米的地方。科学家判断，这种陆龟早在300万年前就已经出现在了加拉帕戈斯群岛上，它的祖先可能来自南美洲，后来随着洋流漂流到达这里。

雄龟的体形通常比雌龟大。目前已知的大块头雄龟的长度可达1.8米，雄龟重量为272~318千克；雌龟重量为136~181千克。这种龟用粗短、结实的四肢行走，四肢看起来就像大象的脚。

雨水、水坑和从岩石上滴落的露水为象龟提供了所需的淡水，它也能从食物中获取水分。它还会沿着数千年来，一代又一代的象龟踩踏出的路径，从摄食地前往池塘和涌泉。

过去的航海水手和当地居民会捕捉象龟当作食物。然而自1936年起，象龟受到法律的保护，加拉帕戈斯国家公园也在1959年设立，为的就是保护这个偏远的栖息地，以及生活在这里的独特生物。

小档案

其他中文名：
加拉帕戈斯陆龟

英文名：
Gal á pagos giant tortoise

学名：
Chelonoidis nigra

体长：
0.8~1.8米

食物：
仙人掌、草、树叶、果实、地衣

栖息地：
多岩的火山岛上有草的地方、仙人掌丛、灌木丛

分布范围：
加拉帕戈斯群岛

大鳄龟

鳄龟科

大鳄龟是北美洲最大的淡水龟，也是世界上体形最大的乌龟之一。官方记录中，最重的大鳄龟，体重达99.5千克！但是，除了有惊人的体形外，它看起来还像是科幻小说中的生物：龟壳上有凸出的钉状构造，大大的头部长有厚实的上下颚，尖端还有尖锐的钩状构造。强壮的上下颚足以咬断毫无防备的人的手指。

不过大鳄龟只有在自我防卫、吞咬鱼类或其他猎物时才会发动攻击。它大部分的时间都静静地躺在水中，连藻类都能长满大鳄龟全身，因为它静止时就像一块岩石。它会扭动长得像香肠一样的粉红色虫状舌头，引诱好奇的鱼儿直接游进它的嘴巴。大鳄龟是唯一一种会使用这种把戏的乌龟。

大鳄龟很少离开水，它能潜入水底长达50分钟，都不用回到水面上换气。雌龟会爬上离水不远的陆地筑巢产卵。浣熊会吃它的蛋，刚孵化的龟宝宝也会被鸟类和鱼类捕食，不过成年大鳄龟除了人类以外就没有天敌了。人类为了大鳄龟的肉和龟壳而捕捉它，有的是把它卖到宠物市场。在某些地区，这种强壮的乌龟的数量正逐渐减少，美国有一些州已经制定了用于保护这种大鳄龟的法律。

小档案

其他中文名：
真鳄龟

英文名：
alligator snapping turtle

学名：
Macrochelys temminckii

体长：
40~80厘米

食物：
鱼、青蛙、蛇、其他乌龟、蜗牛、蠕虫、蛤、螯虾

栖息地：
河川、湖泊、沼泽

分布范围：
美国中部和东南部的部分地区

科学家发现的大鳄龟其实有三种，另外两种生活在美国东南部的两个不同水系中。它们的分布范围没有本页照片中这种大鳄龟的分布范围那么广。

大鳄龟强壮的上下颚足以一口将扫帚柄咬成两段，它主要吃鱼和其他水栖生物，但它也有办法攻击并吞下小型哺乳类动物和鸭子。

中华鳖在潮湿的土壤中产下卵，中华鳖宝宝大约在两个月后孵化。研究中华鳖卵的科学家发现，宝宝还在蛋里发育时，就会朝热源移动。

每年，乌龟养殖场中都养了数以百万计的中华鳖供人类食用。

中华鳖

鳖科

中华鳖的壳是柔软的，并不是坚硬的骨质构成的硬壳。它的背甲和腹甲表面覆盖着一层皮革状的皮肤，不像其他乌龟是覆盖着坚硬的鳞甲。虽然缺乏硬壳，但中华鳖并不是没有防御能力，又长又灵活的脖子让它能转头向后猛咬想捉住它的人。

中华鳖有着像猪一样造型的鼻子，就像潜水用的通气管。所以，当它的身体浸在水中时，只要把鼻孔露出水面就能呼吸了。它脚上长有发达的蹼，有助于游泳。另一项适应水下生活的特征是：它能用皮肤吸收氧气。它从嘴巴和泄殖腔把水吸进来后再排出，并从中获得氧气。

最近科学家还发现中华鳖有另一种适应能力：它能从嘴巴排出血液中的废物。分解食物中的蛋白质会在体内产生过多的含氮废物，乌龟的身体会把这些废物转变为尿素后排出。

我们的身体会把尿素溶在水中形成尿液，再排出体外。中华鳖也会排尿，不过因为它通常生活在咸水水域中，为了留住体内的水分，它不可能形成大量的尿液来排出废物。于是，它从口腔内膜排出尿素，水流进再流出口腔时，就能把尿素冲掉。

小档案

其他中文名：
甲鱼

英文名：
Chinese softshell turtle

学名：
Pelodiscus sinensis

体长：
15~30厘米

食物：
昆虫、蠕虫、鱼、甲壳动物、树叶、种子

栖息地：
湖泊、河川、沼泽、池塘、水稻田

分布范围：
中国、日本、越南、朝鲜半岛、印度尼西亚，也被引进到美国夏威夷、菲律宾、泰国

密西西比麝香龟

动胸龟科

它是世界上最小，也最臭的乌龟之一。密西西比麝香龟的背甲边缘下方有腺体，在它愤怒时会发出难闻的麝香味。因为这种能力，它又有了“恶臭弹”的外号。若是恶臭的气味还是不能使捕食者退避三舍，这种小乌龟也会又抓又咬地反击。

麝香龟大部分时间都待在水里，在水底一边爬行一边觅食。长长的脖子有助于它向下探寻食物，也能让它把头伸出水面呼吸。虽然它是水栖乌龟，但它的攀爬能力却意外地好。它可以爬到倒木或漂浮的植物上，甚至还有人看过它爬上水边的灌木丛，或是低矮的树枝上。

在麝香龟的分布范围中，生活在较温暖地区的个体终年都会活动。而在较北方的区域，冬天麝香龟会在岩石或倒木下的洞穴里冬眠。同一个隐蔽处可能会有数十只麝香龟待在一起。麝香龟也可能把自己埋进水底的泥巴里冬眠。它的舌头和咽喉上有微小的凸块能吸收水中的氧气，麝香龟会振动咽喉让水流经这些部位，多亏了这些构造，它才能活下去。

小档案

其他中文名：
普通麝香龟

英文名：
eastern musk turtle

学名：
Sternotherus odoratus

体长：
7.6~14厘米

食物：
蠕虫、昆虫、蜗牛、蛤、螯虾、螃蟹、藻类、腐肉

栖息地：
浅湖、溪流、池塘、河川、沟渠

分布范围：
美国东部和中西部，加拿大东南部

北美洲还有另一种扁平麝香龟，它的龟壳非常扁，看起来就好像被车子碾过一样。

刚孵化的麝香龟宝宝很小，龟壳只有2.5厘米长，一只麝香龟宝宝几乎能站在美元货币中的10美分硬币上。

澳洲长颈龟宝宝刚孵化时，龟壳的宽度大约是2.5厘米，它会立刻从沙里的巢中爬出去寻找水源。它会躲在水生植物间，吃小鱼、昆虫和其他的小动物。
澳洲长颈龟在自我防卫时会分泌一种恶臭的液体，因为这种习性，它在英文中又被称为“发臭者”。

澳洲长颈龟

蛇颈龟科

澳洲长颈龟是乌龟世界中的长颈鹿。澳洲长颈龟的脖子的长度大约是背甲的一半，其他蛇颈龟的脖子的长度甚至更长，例如窄胸蛇颈龟的脖子可能比背甲还长，看上去就好像有一条蛇钻进了乌龟壳里一样。

澳洲长颈龟在捕食的时候如蛇一样，会用头部迅速地攻击猎物。不过跟蛇不同的是，它有帮助它把食物撕成小片的脚爪。

澳洲长颈龟要怎么把长脖子缩进龟壳里呢？由于它没办法像箱龟一样直接把头缩进龟壳，于是它的脖子会向旁边弯曲，然后再把头塞在背甲和腹甲之间，就像有些鸟类会弯曲脖子，把头藏进翅膀底下一样。像这样会在侧边缩头的乌龟就被称为侧颈龟。

澳洲长颈龟通常会躲在水生植物之间。在炎热的夏天，它会把自己埋进水底的泥巴里。不过若是碰到干旱，蛇颈龟则会离开干涸的栖息地，寻找较大的河川。为了抵达遥远的目的地，它会跋涉很长一段距离。

小档案

其他中文名：
澳洲蛇颈龟、东方长颈龟、东方蛇颈龟

英文名：
eastern snake-necked turtle

学名：
Chelodina longicollis

体长：
20~25厘米

食物：
蝌蚪、青蛙、昆虫、鱼、蠕虫、甲壳动物、腐肉、浮游生物

栖息地：
湿地、河川、池塘、潟湖

分布范围：
澳洲东部和东南部

枯叶龟

蛇颈龟科

你能想象一片凹凸不平的松饼盖在一只小猪上吗？ 这就是枯叶龟的模样！它扁平的龟甲表面有很多棱脊，扁而宽的头部和颈部边缘有很多肉质突起和触须，而它的龟壳上常常会有藻类长在上面。

所有的这些特征便成了枯叶龟完美的伪装，它生活在浅而多泥的水中，静静躺在水底时，有时候看起来就像一块表面有藻类附生的岩石，又像表面长了青苔的树枝，或是一堆落叶。它会不时地把树干般的鼻子伸出水面呼吸，它也能在水中憋气好几个小时，靠咽喉或泄殖腔的内膜呼吸。

隐藏在寻常背景中的枯叶龟会等待没有戒心的鱼游近，一旦猎物靠近，它就立刻行动。枯叶龟迅速张开大嘴，瞬间流入口中的水能把鱼给拉进去，整个过程用时不到一秒钟。接着它又突然闭起嘴巴把水挤出去，同时吞下猎物。

枯叶龟不只长相怪异，味道闻起来也很恶心。它会分泌恶臭的液体，闻起来像是尿液和死鱼的混合物的气味。恐怖的气味能帮助它吓退捕食者。

小档案

其他中文名：
马塔龟、马塔蛇颈龟、马塔马塔龟、枫叶龟

英文名：
matamata

学名：
Chelus fimbriatus

体长：
30~45厘米

食物：
鱼类、水生无脊椎动物

栖息地：
湖泊、池塘、沼泽、河川、溪流

分布范围：
南美洲北部

有些地方的人称枯叶龟为“微笑乌龟”，因为它的嘴巴看起来像在咧嘴笑。
刚孵化的枯叶龟通常呈粉红色和橘色。

这是刚孵化的玛莉河龟。玛莉河龟是澳大利亚濒临灭绝的乌龟，它们只分布在玛丽河。和菲茨罗伊河龟一样，玛丽河龟也能用泄殖腔呼吸。

菲茨罗伊河龟的脖子上有许多瘤状凸起，科学家现在还不确定它有什么作用。一种假说认为这种构造就像海豹的胡须，或是昆虫的触角，它有触觉并且能感受到震动。

菲茨罗伊河龟

蛇颈龟科

菲茨罗伊河龟是澳大利亚最不寻常的乌龟之一，在20世纪70年代以前，科学家完全不知道有这种乌龟。现在，它是澳大利亚最有名的乌龟之一，尽管它只分布在澳大利亚东部的一小部分地区。它的名气主要来自其独特的呼吸方式：在水下时，它主要是靠咽喉和泄殖腔的皮肤获得所需的大部分氧气。

乌龟有肺脏，这是用来交换气体的器官，但是很多种乌龟在水下时，也能通过咽喉和泄殖腔的皮肤获得氧气，菲茨罗伊河龟更是把这种能力发挥到了极致。科学家在报告中描述：虽然他们有时候会观察到圈养环境中的乌龟会把头伸出水面呼吸，但他们从没见过野外的菲茨罗伊河龟这么做。有一只野生的乌龟曾被记录潜入水中后，整整21天都没露出水面！

对河龟而言，用泄殖腔呼吸是它获得氧气的主要方式，它每分钟会“呼吸”15~60次。它可以躲到湍急水流中的倒木或岩石下方长达好几小时，都不露出水面呼吸。想要寻找食物时，它会用长长的前脚和脚爪在河床上大步爬行。

红树巨蜥和水鼠会吃河龟的蛋。非原生的动物，例如猫、狗、猪和狐狸也加入了捕食它的行列，这些动物都威胁到了它的生存。住在菲茨罗伊河附近的志愿者会保护河龟的巢穴，他们设置了防护网以阻隔捕食者接近河龟的蛋。

小档案

其他中文名：
菲茨罗伊蛇颈龟、白眼溪龟、费兹洛河龟、溪龟

英文名：
Fitzroy River turtle

学名：
Rheodytes leukops

体长：
可达25厘米

食物：
昆虫、植物、藻类、海绵、蜗牛

栖息地：
河川、溪流

分布范围：
澳大利亚昆士兰州

平胸龟

平胸龟科

其他中文名：
大头龟

英文名：
big-headed turtle

学名：
Platysternon megacephalum

体长：
15~20厘米

食物：
蠕虫、蜗牛、螃蟹、虾、鱼、青蛙、蝌蚪

栖息地：
浅滩、多石的浅溪、水流湍急处或是靠近瀑布的地方

分布范围：
中国、老挝、缅甸、泰国、越南

一看到这只爬行动物，你就知道它为什么又被称作“大头龟”了！它头的宽度几乎相当于半个龟壳，因为实在太大了，所以它根本没办法把头缩进龟壳里，或者像侧颈龟那样把头斜向一边，塞在背甲和腹甲之间。

虽然平胸龟不能把头藏进龟壳里，但是它仍有相当完备的自我防卫能力。它的头上覆盖着一大片盾状鳞甲，并延伸到侧面，所以平胸龟看起来像是戴了橄榄球头盔一样。它还有钩状的上下颚，在受到威胁时，它会猛咬对方。如果这样还不够的话，它就会发出巨大的吱吱声，并制造恶臭的气味。

平胸龟虽然生活在水里，但是它的游泳能力很差。它的脚没有蹼，不能发挥像桨一样的功能，不过它的腿和脚爪非常强壮，所以能在满是岩石的浅溪床上行走。不论是在水中或是陆地上，它都会把大大的头部和坚固的上下颚当成钩子来用，从而能拉着身体前进。此外，它肌肉发达的尾巴几乎和龟甲一样长，攀爬的时候，尾巴能帮助它支撑身体。

平胸龟是矫健的攀爬好手，能够爬上溪边的灌丛和树木。在圈养环境下，它还能爬过围篱。

2013年，五只平胸龟宝宝在纽约展望公园的动物园孵化出来，这是“动物园和水族馆协会”的成员机构中的第一起成功案例。加入此协会的机构必须提供高质量的服务来照顾动物。在圈养环境下成功繁殖，这有助于拯救濒临灭绝的动物。

和成体比起来，平胸龟宝宝的体色更加鲜艳。和身体长度相比，它的尾巴也比较长。如果感觉受到威胁，它会把长长的尾巴塞到龟壳的边缘下方。

刺东方龟宝宝的背甲边缘非常锐利，能够保护它不被蛇类和鸟类吞下肚。捕食者可能会因此决定放弃它，去找其他不尖锐且容易吞咽的猎物。

这只刺东方龟宝宝是在圈养环境中孵化的。野外的刺东方龟已经濒临灭绝，而圈养环境中的个体又很难成功繁殖。2004年，第一只刺东方龟宝宝在欧洲的圈养环境中成功孵化，轰动一时。那只刺东方龟诞生在英吉利海峡泽西岛上的杜瑞尔野生动物园内。

刺东方龟

地龟科

刺东方龟就像一片会行走的圆锯刀片，尖锐的刺从龟甲边缘向外延伸。年幼的刺东方龟背上的刺更加尖锐，但是随着年龄的增长，龟甲边缘会逐渐磨损。年老的刺东方龟的壳边缘可能已变得很平滑了，只剩龟甲背侧还有一些刺。这些刺有助于刺东方龟抵御捕食者，例如蛇。尤其幼龟和体形较小的个体特别容易受到蛇类的威胁。

刺东方龟橘色和棕色的外表能帮助它隐藏在森林底层，它通常躲在落叶堆中。龟壳边缘的刺也能很好地把它隐藏起来，因为这样，它的龟壳的形状就不那么明显了，反而更像是树叶的边缘。

野外刺东方龟的繁殖季和雨季有着密切的联系，而在圈养环境中，除非对雄龟洒水，否则它们不会去找雌龟交配。雌龟每次最多能产下3颗蛋，长度大约有6厘米。它的腹甲内侧有可屈伸的折叠构造，所以雌龟要下蛋时，就能顺利地把蛋产下。

小档案

其他中文名：
刺山龟、太阳龟、齿轮龟

英文名：
spiny turtle

学名：
Heosemys spinosa

体长：
17.5~22厘米

食物：
植物、果实、昆虫、蠕虫

栖息地：
山区林地的浅溪中，或是浅溪附近

分布范围：
东南亚

绿海龟

海龟科

你可能会觉得绿海龟的名字跟它皮肤或龟壳的颜色有关，但事实上，科学家是根据它体内的绿色脂肪来命名的！

绿海龟是濒临灭绝的动物，导致它陷入这样的困境的原因有很多。长久以来，人类都捕捉它作为食物，有些地方的人还会吃它的蛋。绿海龟也会因为被渔网困住而淹死。现在很多国家正在通力合作，共同保护这种濒临灭绝的动物。保育绿海龟离不开世界各国同心协力，因为它生存的沿海区域，横跨超过140个国家，它产卵的沙滩也分布在超过80个国家的境内。

绿海龟最著名的就是它长途跋涉的能力，它会往返于觅食地和繁殖地之间。每隔2~4年，雌龟会游回当年自己孵化的海滩上产卵。对某些乌龟而言，这趟旅程可能需要跨越数千千米的距离。

当雌龟抵达目的地后，它会爬上岸，用鳍状后肢在沙滩上挖洞，然后在洞中产下100~200个蛋。最后它会用沙把蛋埋起来，再回到海里。乌龟宝宝大约在两个月后孵化，一孵出来，它们就会爬向大海。

小档案

其他中文名：
绿背龟

英文名：
green sea turtle

学名：
Chelonia mydas

体长：
1~1.5米

食物：
藻类、海草

栖息地：
海洋及沿岸区域

分布范围：
遍及全球热带、亚热带海域

澳大利亚的雷恩岛是世界上最重要的绿海龟产卵地之一，每年有多达2万只雌龟到那里产卵。

在大西洋和墨西哥湾作业的捕虾船只都被要求装上海龟逃脱器（称为TEDs）。这种装置能防止海龟被困在捕虾网内。

棱皮龟的口中有很多向后长的棘刺，能让它紧紧地抓住又黏又滑的猎物——水母。

棱皮龟宝宝孵化后会快速地爬过沙滩回到海里。有些个体在抵达大海前，就会被例如螃蟹和海鸟等捕食者吃掉。在海里，鲨鱼和其他鱼类也会捕食棱皮龟。在1000只棱皮龟宝宝中，大约只有一只能顺利活到成年。

棱皮龟

棱皮龟科

棱皮龟是世界上最大的海龟，也是地球上最大的爬行动物之一。它的体重能达到600千克，体长达2.4米，不过有些个体可以长得更大！目前的记录中，最大的棱皮龟是一只雄龟：长2.6米，体重916千克，几乎相当于一台小汽车！

它的名称跟它与众不同的龟壳有关。龟壳是由许多埋在坚韧的油质组织内的小骨片所构成的，就像拼图一样，龟壳表面还有覆盖着皮革状的皮肤。泪滴形的背甲和上面的棱脊使棱皮龟的身体呈“流线型”，所以它能顺畅、迅速地在水中滑行。棱皮龟那如鲸鱼般的大型鳍状前肢是它游泳的动力。

棱皮龟的肌肉在运用时，身体能够产生部分热能。庞大的身躯和厚厚的脂肪层有助于保留体内的热量，因此它能畅游在令其他海龟退避三舍的寒冷海域中，也能比其他海龟潜得更深，它能下潜到海面下1280米深。

棱皮龟也是迁徙距离最远的海龟，从觅食地游到它出生的海滩产卵，旅程长达6000千米。要完成这么长距离的迁徙，它主要靠吃水母来提供身体所需的能量。

小档案

其他中文名：
革龟、七棱皮龟、舢板龟、燕子龟

英文名：
leatherback sea turtle

学名：
Dermochelys coriacea

体长：
1.2~2.4米

食物：
水母、甲壳动物、鱼、章鱼

栖息地：
海洋，沿岸区域

分布范围：
遍及全球海域

鳄鱼、短吻鳄、凯门鳄和恒河鳄

鳄目

鳄鱼大小事

鳄鱼和乌龟一样，是爬行动物中较古老的一目。最古老的鳄鱼化石可追溯至2.4亿年前。所以鳄鱼和乌龟可以说是一同见证了恐龙的兴起与衰落，也见证了6500万年前的恐龙大灭绝。

很多人都以为鳄鱼是恐龙的后代，但事实并非如此。鳄鱼和恐龙的共同祖先都是祖龙类（archosaur），祖龙类分化出不同的族群，其中一支演化成恐龙，还有一支则演化成鳄鱼。

目前，鳄目包含大约23种鳄鱼。

鳄鱼都具备水栖捕食者的适应特征。它们的身体呈流线型，强壮的尾巴在游动时作用很大，蹼状的后肢能控制方向。当鳄鱼和猎物搏斗，或在吃东西时，咽喉的皮瓣能阻止水涌入鳄鱼的体内。它的一生中，牙齿会不断地掉落并长出，不过当鳄鱼上了年纪以后，更新的速度会变慢。

鳄鱼的眼睛、耳朵和鼻孔都长在头上，所以当它的身体浸在水中时，这些感觉器官仍能够露出水面。鳄鱼有绝佳的视力和听力，且嗅觉也超级敏锐。

过去，鳄鱼常常被视为凶残的杀手。不过近代的研究显示，它们实际上过着相当复杂的社会生活。它们会和同类沟通，而且有和哺乳类和鸟类类似的“等级秩序”。很多种类的鳄鱼会守护它们的巢，帮助宝宝孵化，并且保护刚孵化的鳄鱼宝宝。科学家认为，鳄鱼和鸟类的亲缘关系较近，反而和其他的爬行动物关系较远。

沼泽鳄（*Crocodylus palustris*）

亚洲的沼泽鳄的名字（mugger）源自一种印度的语言，意思是“水怪”。

古巴鳄（*Crocodylus rhombifer*）

古巴鳄是一种濒临灭绝的鳄鱼，我们只有在古巴的两处沼泽地中才能发现它的踪迹。

侏儒鳄（*Osteolaemus tetraspis*）

非洲的侏儒鳄可以长到2米长。

非洲长吻鳄

（*Mecistops cataphractus*）

长吻鳄非常擅长游泳，不过人们常常能看到它停在水边的树枝上休息。

眼镜凯门鳄（*Caiman crocodilus*）

中南美洲的眼镜凯门鳄因为两眼之间的骨质棱脊而得名。

马来长吻鳄（*Tomistoma schlegelii*）

东南亚的马来长吻鳄细长的口鼻部里总共有76~84颗牙齿。

密河鼍宝宝刚孵出来时，身体长15~20厘米，它待在妈妈的嘴里很安全，妈妈会带着它四处走动。雌性密河鼍会陪伴小鳄鱼长达两年。
生活在寒冷北方的密河鼍可能会冬眠长达五个月，它们会躲在被称为鳄鱼洞的隐秘处度过严冬。

（tuó）
密河鼍

短吻鳄科

密河鼍是北美洲最大的爬行动物，过去的记录显示，人们曾经捕到过长达6米的巨鳄！ 密河鼍雄性比雌性更大也更重，体重可达454千克，只有美洲鳄（第242~243页）的体形能够和它一较高下。

在这种大型爬行动物厚而坚韧的皮肤上，覆盖着骨板状的骨化皮肤。它强壮的上下颚能抓住猎物——从小型的鱼类到大型的鹿。它的嘴巴里的牙齿多达80颗，当牙齿磨损或缺失时，新牙就会长出来替补。密河鼍的一生中可能会长出3000颗牙齿！

但是这些牙齿并不是用来咀嚼的，密河鼍会把食物大块吞下，小型的动物则整只吞下，体形较大的动物会被它甩断成较小的碎片。密河鼍也可能会紧咬猎物，然后像陀螺一样旋转，把猎物绞碎成小块。它强烈的胃酸能分解猎物坚硬的身体部位，例如骨头和龟壳。

密河鼍一度曾是濒临灭绝的动物。在20世纪60年代早期，由于人类猎捕它们的时间已长达数十年，鳄鱼皮被制成皮革制品，导致它们的数量大大减少。密河鼍在原本常常能见到它的地区消失，很多人担心密河鼍会灭绝。所以美国政府通过了严格的法律，要控管人类捕猎密河鼍的形势。时至今日，密河鼍的族群数量逐渐恢复。科学家估计，目前野外大约生活着500万只密河鼍。

其他中文名：
密河短吻鳄、密河鳄

英文名：
American alligator

学名：
Alligator mississippiensis

体长：
3~4.6米

食物：
鱼、蜗牛、螃蟹、青蛙、蛇、乌龟、鸟类、哺乳类

栖息地：
湖泊、沼泽、池塘、湿地、江河、海湾

分布范围：
美国东南部，美国得克萨斯州部分地区

扬子鳄

短吻鳄科

世界上有两种短吻鳄：一种是密河鼍（第234~235页），另一种则是扬子鳄。扬子鳄的体形只有密河鼍的一半，而且它生活在距离美国半个地球以外的地方。

扬子鳄的行为和它的美国表亲很相似。冬天它会躺在洞穴中冬眠，春天时则会展开求偶行为。之后，雌性鳄鱼就会开始筑巢，并守卫它的家园。它也会把小鳄鱼含在嘴里带到水边。不过和密河鼍不同的是，扬子鳄的洞穴系统非常复杂，里面有许多通气孔，而且洞穴可能会连通到地面上的池塘，洞穴里甚至可能就有个地底池塘！在这个复杂的地道系统中，可能会有不止一只鳄鱼生活在这里。

此外，和密河鼍这一物种在野外有相当大的族群相比，扬子鳄已经严重濒临灭绝。捕猎和栖息地的消失让它几乎绝迹，目前野外仅有约130只扬子鳄。尽管人类努力保护野外的鳄鱼族群，但还是无法遏止扬子鳄的消失，于是中国开始通过圈养繁育扬子鳄来保护它们。有些在圈养环境下长大的小鳄鱼会被放回野外，科学家们希望能让它们重新组成野生的鳄鱼族群。此外，中国还将曾经开垦成农田的湿地复原，让这些鳄鱼可以继续在这些栖息地上生活。

小档案

其他中文名：
中国鳄、土龙

英文名：
Chinese alligator

学名：
Alligator sinensis

体长：
1.5~2 米

食物：
昆虫、螃蟹、蜗牛、鱼、鸟类、小型哺乳类

栖息地：
池塘、湖泊、河流、溪流、湿地、沼泽、农场沟渠

分布范围：
中国华中的沿海地区，长江流域一带

世界各地的动物园都在尝试繁殖这种濒临灭绝的鳄鱼。2007年，中国把来自纽约布朗克斯动物园和其他动物园的鳄鱼宝宝放归野外。重回天然栖息地的鳄鱼很快就适应了新环境，并且在2008年开始繁殖后代。

扬子鳄的眼睑有骨板，而密河鼍的眼睑则没有。

黑凯门鳄是短吻鳄科中体形最大的一种。

刚孵化的黑凯门鳄宝宝，身体侧面有白色或黄色的带状斑纹，上下颚有灰色的条纹。成年后，黑凯门鳄身上的这些纹路会变得比较暗淡。

黑凯门鳄

短吻鳄科

凯门鳄和短吻鳄属于同一科，它们看起来很相似，不过凯门鳄的尾巴比较短，口鼻部也比较尖。凯门鳄生活在美洲中部和南部，其中最大的一种就是黑凯门鳄。

黑凯门鳄会捕食很多种动物，不过它最主要的猎物还是鱼，长有剃刀般锋利牙齿的凶猛锯脂鲤是它最爱的猎物之一。黑凯门鳄也会吃水豚这种啮齿动物，它的体形就和狗一样大。体形特大的凯门鳄甚至有办法对付貘和水蚺这样的猎物！

在过去的50年间，黑凯门鳄在它原本的分布区域中消失了。从20世纪40年代开始，人类为了取得深色的鳄鱼皮，加工制成闪亮的黑色皮革产品，大量捕捉黑凯门鳄。科学家估计，黑凯门鳄的数量已经减少了99%。而且农民们也注意到，危害农作物的水豚的数量也有增加的趋势。

目前，保护黑凯门鳄的法律已经制定出来，同时，它的栖息地也受到了保护。圈养黑凯门鳄的繁殖计划同时也开始进行，人们希望能重建野生的鳄鱼族群。

小档案

其他中文名：
亚马孙鳄

英文名：
black caiman

学名：
Melanosuchus niger

体长：
4~6米

食物：
软体动物、鱼、青蛙、爬行动物、鸟类、哺乳类动物

栖息地：
湖泊、沼泽、溪流、湿地

分布范围：
南美洲北部

钝吻古鳄

短吻鳄科

其他中文名：
矮鳄鱼、居氏侏儒鳄

英文名：
Dwarf caiman

学名：
Paleosuchus palpebrosus

体长：
1.2~1.5米

食物：
鱼、螃蟹、青蛙、虾、昆虫、爬行动物、小型哺乳类动物

栖息地：
湿地、河流、沼泽、湖泊、泛滥森林

分布范围：
南美洲北部

人们一般认为，钝吻古鳄是世界上最小的鳄鱼（不过生活在非洲的凯门鳄体形和它差不多）。雄性鳄鱼的体长可达1.5米，大约是一台普通自行车的长度。然而在巴西的某些地方，曾记录到有些钝吻古鳄的体长达到了1.8米。

钝吻古鳄的分布范围很广，而且它并不是濒临灭绝的动物。它的身上有许多坚硬的骨化皮肤，不适合拿来加工制成皮革制品，这正好救了它，因为人类不会为了鳄鱼皮而猎捕它。虽然南美洲有些地方的人会捕捉钝吻古鳄当作食物，也会吃它的蛋，但是这种少量的猎捕不会威胁到钝吻古鳄的族群数量。

钝吻古鳄和它的“表亲”施耐德侏儒凯门鳄都受到了极其严密的保护。可能因为体形较小，所以它们需要格外坚固的保护构造。幼小的钝吻古鳄会被蛇类、鸟类和鼠类捕食，而成年鳄鱼则会被美洲豹和大型蛇类——例如水蚺（第134~135页）捕食。

鳄鱼
钝吻古鳄

钝吻古鳄头部的形状很独特，它的口鼻部很短，头骨很高而且不平坦。因此常常会被拿来和狗的头骨相互对照。

钝吻古鳄尖锐弯曲的牙齿有助于它在湍急的水流中捕鱼。

美洲鳄是害羞而胆小的动物。在记录中，美国境内只发生过一起美洲鳄咬人的意外事件，鳄鱼很可能是把游泳的人误当作猎物，才会发动攻击。（虽然被攻击的人受伤了，但却没有因此而丧命。）

单看鳄鱼的头部，你很快就能辨别出它是美洲鳄还是密河鼍。美洲鳄的吻端比较尖，而且当它嘴巴闭起来的时候，下颚两侧的第四颗牙齿会露出来。

美洲鳄

鳄科

如果你在美国的佛罗里达州看见鳄鱼，那很有可能是密河鼍（第234~235页）。但是如果你一路往南走，到达佛罗里达州的最南端、墨西哥湾和大西洋的交界处，再加上你真的够幸运的话，就有可能会见到美洲鳄。

美洲鳄是美国的原生鳄科动物，生活在国境的边陲地带，它的分布范围和生活在最南边的密河鼍的栖息地相互重叠。这是两种美国原生的鳄鱼唯一会相遇的地区。

但是这两种爬行动物并不会互相竞争，抢夺食物或筑巢位置。因为密河鼍是生活在淡水区的鳄鱼，虽然它能在咸水里待上一段时间，但这并不是它的栖息地。相反地，美洲鳄生活在半咸水区，这里混合了咸水和淡水。它也能忍受海水的环境，所以它能从加勒比海地区的一个岛游到另一个岛。不过它无法像短吻鳄一样能在寒冷的天气中存活，所以不会像短吻鳄一样生活在比较靠北的区域。

小档案

其他中文名：
中美洲鳄、南美洲鳄、美洲咸水鳄、窄吻鳄

英文名：
American crocodile

学名：
Crocodylus acutus

体长：
3~6米

食物：
鱼类、螃蟹、乌龟、鸟类、小型哺乳类

栖息地：
半咸水或是咸水区；海湾、池塘、沿海潟湖、红树林沼泽、河口

分布范围：
墨西哥、中美洲、加勒比海地区、南美洲北部、美国佛罗里达州南端

尼罗鳄

鳄科

其他中文名：
东非尼罗鳄、肯亚鳄

英文名：
Nile crocodile

学名：
Crocodylus niloticus

体长：
3.5~6米

食物：
鱼类、羚羊、疣猪、牛羚、斑马或其他大型哺乳类动物

栖息地：
沼泽、湿地、河流、湖泊

分布范围：
非洲、马达加斯加

小档案

刚孵化的尼罗鳄宝宝体形不大，小到可以装进鞋盒里，它会吃虫子、抓青蛙。但是10年过后，它就已经长大到可以吃下一头非洲水牛了！它是非洲体形最大的鳄鱼，雄性通常能长到5米长，不过记录中也曾出现过6米长的个体。

尼罗鳄会埋伏捕猎：先潜入水中等待，等来水边喝水的动物靠近时再猛扑上去。它会咬住猎物头部，把它拖进水里。一只饥饿的鳄鱼一顿最多可以吃掉相当于自身体重一半的猎物。

尼罗鳄在非洲的分布范围很广，它也生活在非洲附近的马达加斯加岛，那是一座距离非洲大陆东岸约400千米的岛屿。在制定出保护尼罗鳄的法律以前，马达加斯加岛上的鳄鱼因为要用来供应皮革贸易，几乎被猎捕殆尽。不过有一群鳄鱼却躲过一劫，因为它们生活在地底下又黑又冷、迷宫一般的洞穴中。它们生活在那里是为了躲避炎热的太阳吗？它们会捕食洞穴中的鳗鱼、蝙蝠和蝎子吗？它们多久会离开洞穴一次？它们是独立的另一种鳄鱼吗？科学家正在深入研究这些洞穴中的鳄鱼，试着找出这些问题的答案，并解开更多其他谜团。

鳄鱼
尼罗鳄
古埃及人崇敬名叫索贝克的鳄鱼神，为了表示敬意，他们会把尼罗鳄做成木乃伊并埋到地下。
若被尼罗鳄逮到机会，它会捕食小河马。不过河马妈妈会保护孩子，它一口就能把鳄鱼咬死。

湾鳄有着鳄鱼界里最强壮的上下颚。科学家经过测量不同种鳄鱼的咬合力，发现湾鳄大力咀嚼的咬合力几乎是狮子上下颚力气的四倍：鳄鱼咬合力足以咬穿一块金属板。

雌湾鳄会用泥巴和植物堆成一个大型的巢，并守在巢边直到宝宝孵化，之后它还会继续照顾鳄鱼宝宝好几个月，防止捕食者，例如鱼类、乌龟、鸟类或体形较大的鳄鱼伤害它们。

湾鳄

鳄科

现存的爬行动物中，湾鳄的体形是最大的。大块头的雄性湾鳄从吻端到尾巴的长度可达7米，体重将近1吨！目前的记录中，人们曾捕到的最大湾鳄个体的长度约为6.2米，它被取名为“洛龙”，于2011—2013年间生活在菲律宾的一家动物园中。过去和现在都曾流传着许多关于湾鳄的故事，故事里提到的鳄鱼体形甚至还更大。

这种鳄鱼名称中的“咸水”跟它在咸水中的生存能力有关，它在半咸水和淡水中都能活得很好。湾鳄还能在海洋中长距离游行。最新研究显示：海里的鳄鱼并非随时都在奋力游泳，因为那样太累了，它们会跟随洋流前进。这样的航海天赋很可能就是它们有机会抵达新的岛屿和栖息地的原因。

体形这么大的鳄鱼想吃什么就吃什么，从昆虫、蛇到疣猪和水牛都是它的猎物。海里的鳄鱼甚至还会吃鲨鱼！

小档案

其他中文名：
咸水鳄、河口鳄、裸颈鳄

英文名：
saltwater crocodile

学名：
Crocodylus porosus

体长：
5~7米

食物：
昆虫、两栖类、甲壳动物、鱼类、爬行动物、鸟类、哺乳类

栖息地：
河流沿岸、湖泊、沼泽、潟湖、河口

分布范围：
南亚、东南亚，西南太平洋，澳大利亚北部

恒河鳄

食鱼鳄科

恒河鳄是食鱼鳄科里唯一的一种鳄鱼，同时也是世界上最大的鳄鱼之一，其体形和湾鳄（246~247页）差不多。有些雄鳄鱼体长甚至超过了6米。

尽管体形特别庞大，但恒河鳄并不会威胁到人类的安全，因为它又长又细的口鼻部太细了，根本无法对付大型猎物。它细细的上下颚里长了多达110颗牙齿，专门用来捕鱼。恒河鳄细长的口鼻部能在水中迅速挥动，就像在挥一把剑一样，这样，它就能用锋利如剃刀的牙齿抓住鱼类。为了吞下这滑溜溜的一餐，恒河鳄会把头抬出水面，并把捕来的鱼向上抛再用嘴巴接住，这样猎物就会头朝下滑进它的喉咙。

发育成熟的雄性鳄鱼的口鼻部会有一个大大的突起构造，通过这个构造，鳄鱼发出的咝咝声会变成音量更大的嗡嗡声。这个突起构造和它发出的声音可能在求偶过程中发挥着重要的作用。

曾经有大量的恒河鳄生活在野外，不只是在印度和尼泊尔，巴基斯坦、缅甸、不丹和孟加拉国都有它的踪迹。但是人类为了供应皮革而猎捕它，还获取它的蛋当作食物，再加上栖息地的消失、污染，以及被渔网意外捕捉，恒河鳄的数量正急剧下降。目前，野外只剩下大约200只成年恒河鳄。为了拯救这个物种，人们正努力保护它的巢、设立保护区，并人工饲育恒河鳄。

小档案

其他中文名：
印度食鱼鳄、食鱼鳄、长鼻鳄

英文名：
gharial

学名：
Gavialis gangeticus

体长：
3.5~6米

食物：
鱼类、昆虫、青蛙

栖息地：
河流

分布范围：
印度、尼泊尔

恒河鳄“Gharial”的英文名字源自北印度语中的“ghara”（意思是“锅”），指的是雄性鳄鱼口鼻部的突起构造，因为它看起来就像一种煮东西用的锅。

生活在东南亚的马来长吻鳄又被称为“假食鱼鳄”，它吃鱼，也有长长的口鼻部。它的名字中有个“假”，是因为它看起来很像恒河鳄，实际上并不是。不过根据最新的研究，部分科学家认为它应该也属于食鱼鳄科。

喙头蜥

喙头目

喙头蜥是喙头目中唯一现存的物种，它们只生活在新西兰的几座零星分布的岛上。跟随人类入侵当地的大鼠会吃喙头蜥的蛋和喙头蜥宝宝，还一度导致喙头蜥几乎灭绝。现如今，有一些岛终于完全驱逐了大鼠，喙头蜥才能安然地在这里生活。
喙头蜥咀嚼食物的方式和现存任何动物都不一样。它的下颚有一排牙齿，在嘴巴合起来的时候，下排牙齿会嵌入上颚的两排牙齿之间。当它前后滑动下颚时，食物就像被剪刀剪碎了一样。

喙头蜥

喙头蜥科

喙头蜥的皮肤上长有鳞片，它还有脚爪，背部长了一排棘刺。它也是“冷血”（或称作变温）动物。虽然它看起来很像蜥蜴，不过它并不是蜥蜴。它和蜥蜴源自不同的爬行动物祖先，而且它们之间在身体构造上也有些差异，例如这两种动物的骨头形状不同。其他的差异则能从外表辨认出来，例如喙头蜥没有蜥蜴那样的外耳孔。

然而又和一些蜥蜴一样，喙头蜥的头顶也有用来感受光线明暗的“第三只眼”。这个构造在刚孵化的喙头蜥宝宝头上能更明显地看到，而喙头蜥宝宝的另外两只眼睛则要随时注意捕食者，包括成年喙头蜥。

喙头蜥的生命周期很漫长。它要经过35年才能长到成体的长度，要到10~20岁时才能繁殖后代。雌性喙头蜥需要大约两年的时间才能在体内生成卵，卵产下以后，要经过16个月才能孵化出喙头蜥宝宝。喙头蜥的蛋是所有爬行动物中孵化时间最长的。

缓慢的生命周期是对新西兰近海岛屿的寒冷气候的一种适应。喙头蜥身体的能量燃烧设定在“低耗能模式”，所以它不需要太多热能。即使在对大多数爬行动物而言非常寒冷的环境下，它也能保持活跃。而且时间是站在喙头蜥这一边的：它能活到60至100岁，甚至是更长寿！

小档案

其他中文名：
楔齿蜥

英文名：
tuatara

学名：
Sphenodon punctatus

体长：
45~61厘米

食物：
蠕虫、昆虫、蜘蛛、蜗牛、海鸟蛋、小鸡

栖息地：
沿岸森林、灌木丛林地

分布范围：
新西兰附近的岛屿

喙头蜥自己会挖洞来当作巢穴，但它却常霸占海鸟筑好的鸟巢。而且即使海鸟还在那个鸟巢里生活，喙头蜥还是会搬进去住，这令人讨厌的不速之客会吃掉鸟蛋和鸟宝宝。

更多爬行动物知识

加州王蛇（*Lampropeltis getula*）

北美洲的东部王蛇也称为加州王蛇，它的皮肤上有像锁链一样的纹路。

玳瑁（*Eretmochelys imbricata*）

玳瑁又叫鹰嘴海龟，有着像老鹰一样的嘴喙，这种嘴喙能够伸进珊瑚礁中隐秘的角落寻找食物——海绵（它最爱的食物），或其他猎物。

奥里诺科鳄（*Crocodylus intermedius*）

濒临灭绝的奥里诺科鳄只有在委内瑞拉和哥伦比亚的奥里诺科河流域才能找到。

四眼斑水龟（*Sacalia quadriocellata*）

中国的四眼斑水龟的头上有“眼斑”。雄龟的眼斑通常是绿色，而雌龟的眼斑则是黄色的。

基伍树蝰（*Atheris hispidus*）

非洲的基伍树蝰有脊状突起的鳞片，所以看起来浑身是刺。它也被称为毛鳞树蝮。

黑树巨蜥（*Varanus beccarii*）

新几内亚的黑树巨蜥刚孵出来时身上有绿色和黄色的斑点，不过长大后，它们的身体会逐渐变黑。

喙头蜥（*Sphenodon punctatus*）

喙头蜥的名字来源于新西兰的毛利语，意思是“多刺的背”。

浅绿丛林蜥（*Dasia smaragdina*）

分布在印度尼西亚和菲律宾的浅绿丛林蜥的体色通常是亮绿色的，不过也有棕色或蓝色的个体。

与爬虫学家亚当·里谢的对谈录

爬虫学家就是研究爬行动物和两栖类动物的科学家。每个爬虫学家专攻的领域各不相同。有些学者研究的是爬行动物适应栖息地的方式；有些学者研究爬行动物的行为、爬行动物身体运作的方式，或是爬行动物族群扩大或减少的情形。还有一些爬虫学家则尝试找出方法保育濒临灭绝的爬行动物。

亚当·里谢是美国西雅图华盛顿大学的一位爬虫学家。我们和亚当对谈，希望能够进一步了解他这样的爬虫学家的工作，也希望从他那里获取一些研究爬行动物的小秘诀。

爬虫学家都干些什么？

爬虫学家主要研究爬行动物和两栖类动物，他们可能会从事多种不同的工作：有的在学校教书，有的在博物馆工作，还有的在动物园帮忙照顾动物。更有一些爬虫学家会参与到保育濒临灭绝的爬行动物的计划中，他们可能要帮忙恢复这些动物的栖息地，或是在圈养环境下饲养爬行动物，之后再把它们放归野外。

请详细介绍一下你的工作。

我是华盛顿大学生物系的教授，同时也是西雅图柏克博物馆的负责人。我的工作让我有了很多机会从事与爬行动物和两栖类动物有关的事。

我教授生物课程，包括基础生物学和爬虫学。而作为博物馆的负责人，我负责管理两栖类动物和爬行动物的馆藏，也帮忙策划展览。我的工作中，最重要的任务之一就是教导和培训想要成为生物学家的学生。我们会一起研究两栖类和爬行动物，到野外找寻并采集和我们的研究有关的物种，并把样品带回实验室。在实验室里我们会分析DNA，从中了解它们的遗传多样性（遗传多样性代表同一个物种基因的

各种变化，而DNA是组成基因的物质）。

你最喜欢哪种爬行动物？

我一直对角蜥很着迷。它的角很酷，而且这种蜥蜴会做出很多超乎你想象的事情，有些种类抵御捕食者的方式是从眼角喷出血柱，它的身体就像一个防护罩，让蛇没有办法吃下它。另外，它就算站着不动，也有办法让水流进嘴巴——它只要站在水坑里，或是用背部收集雨水，雨水就会沿着沟槽流进嘴里。此外，它也是伪装高手。

你觉得爬行动物最神奇的地方是什么？

爬行动物必须用很有创意的方式来调节体温，让自己保持活力。对于人类这样的哺乳动物而言，保持活力并不是个问题，因为我们的身体会自己产生所需的热能。所以爬行动物的这种特性就显得与众不同了。在我还是个小孩儿的时候，就知道爬行动物是“冷血”动物，但这个术语并不是永远适用的：有些蜥蜴在体温超过38摄氏度时最活跃，但38度可一点也不“冷”！

对于想研究爬行动物的孩子，你又会给出什么建议？

研究爬行动物最好的方法就是从野外观察做起，也就是说我们应该到自然环境中观察它们。一旦你找到了爬行动物，就继续跟着它，看看它是怎么觅食、怎么和其他动物互动的。把你发现的事情记录下来，说不定会有什么全新的发现呢！

当你发现一只爬行动物时，要观察什么特征才能辨别它的种类，特别是那些你并不是很不熟悉的物种？

对于很多爬行动物，你都能根据体色或纹路分辨出它们是什么种类，不过某些特定的爬行动物，要辨别它，最关键的就是观察它的鳞片。这时候，我们通常就得抓住这个动物，近距离观察它的鳞片，有时还要数一数它们身体特定部位的鳞片数目。至于蛇类，在我们碰它以前，首先就是要分辨它有没有毒。

你花了多长时间研究特定种类的爬行动物？

我花了超过10年的时间研究非洲飞龙蜥蜴。要花这么长的时间，是因为我采集了生活在非洲不同区域的所有种类。我大部分的研究都和蜥蜴有关，包括北美洲的角蜥和多刺蜥，以及非洲的壁虎和彩虹鬣蜥。

你发现过新的爬行动物吗？

我曾经发现过一些新的蜥蜴和青蛙，也曾针对这些动物提出描述。有时候在你发现它时，马上就能知道那是个新物种。不过有时候，要等到你把它带回实验室和其他种类比较过后，才会知道原来自己发现了一个新的物种。

对于那些想在院子里或附近公园观察爬行动物的孩子，你有什么建议？

观察爬行动物最关键的是要用眼睛仔细地留意它，不过别靠太近，不然它会逃走的。如果你想观察爬行动物的行为，那就要保持一段适当的距离。另一件重要的事情是：不要靠近你不能分辨种类的蛇。我想，你绝对不会想被毒蛇咬！

你能做什么

根据国际自然保护联盟（IUCN）的数据，世界上大约有19%的爬行动物濒临灭绝。为了避免它们继续减少，你能帮上什么忙？

减少原料、重新利用、物品回收

回收铝罐、修理漏水的水龙头，或是去杂货店买东西时带上环保袋。这些事情听起来并不像是能帮助爬行动物的行为。但如果每个人都能做到这些日常生活中的小细节，累积起来就能发挥巨大的作用。以回收铝罐为例，这些回收的铝罐可以再制成新的铝罐。比起开采铝矿、提炼金属，回收再制的方式所需的能量更少。节约能源和原料有助于减缓人类在它们的栖息地上钻探、开挖的速度，进而可以防止爬行动物的栖息地遭到破坏。

同样的道理，当你在购物时使用可重复利用的环保袋，而不是用商店提供的塑料袋，这就有助于节省塑料袋生产时所需的能源和原料。你做出的选择会与拯救爬行动物有着超乎想象的直接联系！因为大街上被风吹起的塑料袋或是掉出垃圾筒的塑料袋，可能会随着暴风雨流进水道，最后往往跟着水流注入海洋。而吃水母的棱皮龟（第228~229页）会误把这些塑料袋当作猎物吞下去，这会导致棱皮龟生病，然后逐渐让它死亡。

参加保护组织或计划

请宣传有关濒临灭绝的爬行动物的信息，这样能唤起人们对这个问题的重视。向当地的自然中心或是科学博物馆询问，看看他们是否有和爬行动物相关的社团或复原爬行动物栖息地的社区计划，或是需要志愿者的公民科学计划。另外，网络上也有一些公民科学计划会征集数据，这些数据可以来自邻近或偏远的地区，而且很多计划都很欢迎小朋友参加。例如蛇类保护中心就会在网站上呼吁网民上传蛇类的目击记录，他们也会规划一年一度的蛇类数量调查

（www.snakecount.org）。你也可以尝试搜索“儿童”“大众科学”及“爬行动物”这些关键词，在网上搜寻更多的相关信息。

你还可以和他人分享爬行动物或其他野生动物的迷人之处，引起他们的兴趣与关注。在网络上寻找相关的计划，例如国家地理学会的大自然计划（www.greatnatureproject.org）就邀请了世界各地的人为动物和植物拍照，并把照片上传和他人分享。

捡垃圾

协助工作人员维护你家附近、森林与公园的环境清洁。戴上手套把垃圾捡起来，同时劝阻乱丢垃圾的人别再破坏环境。打从一开始你就可以减少制造垃圾，那就是不购买过度包装的产品，例如：你可以买在箱中陈列的水果，而不是选择用塑料包装的盒装水果。另外，你也可以重复利用瓶子装水来喝，而不去购买瓶装水。

遏制全球气候变化

科学家表示，煤炭、石油和天然气之类的化石燃料在燃烧时会将吸热气体释放到大气中，导致全球气候变化。这会从多方面威胁爬行动物的生存。例如一项研究显示，有些蜥蜴的族群数量减少，就可能和春季偏高的气温有关，因为这可能会导致蜥蜴躲在阴凉处的时间更多，而减少外出觅食的时间，而这个季节的雌性蜥蜴则很需要足够的养分才能孕育下一代，这种行为的改变就可能造成蜥蜴的族群数量下降。或许你会认为这个问题太大，已经超过个人能力可及的范围，但事实上，每个人都能发挥作用。例如以下这些事都能减少化石燃料的使用：离开房间时随手关灯；用节能灯取代传统灯泡；冬天时穿毛衣而不是打开暖气，以及尽量用毛巾擦干头发，少用吹风机。

让爬行动物留在野外

有时候，要在野外捕捉一只蜥蜴、乌龟或是一条无毒的蛇并不困难，虽然把它带回家当作宠物的念头实在是太诱人了，但我们还是应该在短暂的观察后把它放回野外。因为它可能是受到法律的保护的，而且对于爬行动物来说，最好还是生活在天然的栖息地中。除此之外，在圈养环境下饲养爬行动物并不容易，如果你是一个爬行动物学家新手，也想要饲养一只爬行动物，请确保你购买的爬行动物是在圈养环境下繁殖出的个体。因为许多爬行动物受到法律保护，在野外捕捉它们或是把它们当作宠物买卖都是犯法的。就是因为这些违法行为，已经导致一些爬行动物濒临灭绝了。每年都有数以百万计的爬行动物被非法捕捉并走私到国外，而在运送途中，它们所处的环境非常恶劣。根据动物法规与历史中心的资料，能在运送过程中幸存的爬行动物，大约有90%的个体在被当作宠物饲养的第一年内就死了。

不购买用爬行动物加工制成的纪念品

很不幸的，世界上某些地区会用爬行动物或是它们身体的部位，做成纪念品卖给游客。这类纪念品包括用鳄鱼的头或脚做成的皮包、体内有填充物的蜥蜴标本，还有用乌龟壳做成的拨浪鼓。和家人出去旅行时，请购买其他不是由爬行动物加工制成的纪念品。

词汇表

背甲： 龟壳的上半部，能和下半部的腹甲合而为一，边缘也会合在一起。

濒临灭绝： 动物或是植物的数量非常稀少，可能有灭绝的危机，将会从世界上消失。

捕食者： 猎捕其他动物作为食物的动物，动物捕食的过程称为捕食行为。

冬眠： 指动物冬季时，在一个安全的地方进入不活动的状态。冬眠中的爬行动物不吃也不动，直到天气回暖才会开始活动。

冬天不活动： 爬虫学家通常用这个术语描述爬行动物在冬天的休眠状态。

毒液： 本书指爬行动物身体制造的有毒物质，用咬的方式注入其他动物体内。有毒的爬行动物会制造毒液。

度量衡： 长度、高度、宽度或重量的表示方法。世界上大部分的地区使用公制单位，美国则使用英制单位。常见的测量单位如下：

1克（g）=0.04盎司（oz.）

1毫米（mm）=0.04寸（in.）

1厘米（cm）=0.4寸（in.）

1米（m）=3.3尺（ft.）

1千克（kg）=2.2磅（lb.）

1千米（km）=3281尺（ft.）

防御： 生物保护自己躲避攻击或避免危险的手段。防御的方式包括利用身体构造，例如身上的刺、一部分的体色，或运用化学物质，例如响尾蛇能用牙齿注射毒液，或是通过行为，例如躲起来。

腐肉： 死去动物身上腐烂的肉。

腹甲： 龟甲的下半部，边缘与上方的背甲相连。

感热窝： 蛇类脸部凹陷的构造，能侦测其他动物的热量，所以它们在黑暗中仍然能“看见”猎物。蝰科的蛇类，例如响尾蛇，它的感热窝位于眼睛和鼻孔之间，称为颊窝。而蟒蛇和蚺蛇的感热窝则在嘴巴附近，称为唇窝。

骨化皮肤： 本书指有些爬行动物皮肤内的骨板，例如密河鼍。

冠： 本书指变色龙头部像头盔一样的构造，大小差异很大，从扁平的微微凸起到高耸的峰状都有。

化石： 远古生物的遗骸或是生存的痕迹。

脊椎动物： 有脊椎骨的动物，包括哺乳类、鱼类、爬行动物、两栖类和鸟类。

两栖类： 一种没有鳞片的冷血动物。大部分的两栖类刚开始都是生活在水中的幼体，随着成长，会逐渐改变形态，最后长成成体。例如青蛙是从没有脚的蝌蚪逐渐生长成四条腿的成体。其他的两栖类还包括蝾螈、鲵和蟾蜍。

猎物： 被其他动物猎捕当作食物的动物。

领域： 动物小心守卫的固定区域，它认定那是它的地盘。例如雄性的湾鳄会攻击进入它的领域的其他雄性个体，这么做是要防止它们和领域内的雌鳄鱼交配。

卵生： 用产卵的方式生下后代，胚胎是在卵里面发育完成后孵化成幼体。

灭绝： 不再存在或是没有现存的个体。当一种生物的所有个体全部死亡，这个物种就灭绝了。

恒温动物： 动物靠自己的身体产生热量来调节体温（而不是依赖环境），例如哺乳动物。

环境： 一个地方的自然特征，例如气候、土地类型，以及生长在当地的植物。

爬虫学家： 研究爬行动物或是两栖类的科学家。

爬行动物的分类： 根据爬行动物的亲缘关系和身体特征进行分类的方式。例如爬虫纲之下分为许多目（例如鳄鱼、短吻鳄、凯门鳄和恒河鳄都属于鳄目）。目之下又分为科，科之下又分为属，属之下再细分为种（不过某些科或属之下就只有一种爬行动物）。而学名是由两个字组成的，而且必须用斜体字表示。第一个字是属名，第二个字是种名。

栖息地： 生物在自然环境中全年或短暂栖息的地方。

迁徙： 从一个地方迁移到另一个地方的季节性移动。许多环境因素都会引发动物的迁徙，例如天气的变化和食物的多少。海龟和袜带蛇是会迁徙的爬行动物。

求偶： 动物在繁殖季吸引异性的行为。

趋同进化： 生活在不同地区且没有亲缘关系的动物，演化出类似的适应特征的过程。

热带： 地球表面靠近赤道的区域，气候特色是一整年都很炎热。

肉垂：本书指爬行动物喉部的一片下垂的皮肤，用来沟通和展示。

入侵物种：有意或无意间从原生栖地被带到新地区的物种，也称为“引入物种”或是“外来物种”。入侵物种通常对新地区的原生动植物有负面影响。

色素细胞：爬行动物体内会产生有颜色的细胞。有些颜色是细胞内的色素造成的，有些则是由细胞内会反射光线的物质造成的。

适应：帮助生物在环境中生存的一种特征。

俗名：特定区域的人对某种生物的非学名称呼。不同地方可能对同一种生物有不同的称呼，例如项圈蜥在有些地方被称为“山地隆隆者”。

胎生：直接产下幼体的繁殖方式。

外温：动物依赖环境温度来控制体温。例如蜥蜴靠晒太阳来提高体温，或是躲到洞穴中降低体温。

伪装：生物隐藏自己的能力，通常借由体色或是体形融入环境中。例如看起来像是树叶的蜥蜴。

温带：地球表面介于热带和极圈之间的区域，气候特征是夏天温暖、冬天寒冷。

温度调节：生物控制体温的能力。

无脊椎动物：没有脊椎骨的动物，包括昆虫、蛛形类、甲壳动物和软体动物。

夏眠：炎热的季节中，当食物和水短缺时，生物躲在一个安全的地方，进入不活动的状态。爬行动物也会通过夏眠躲避过高的气温，以防身体过热。

泄殖腔：本书指爬行动物身体末端的开孔，用来繁殖和排泄体内的废物。

学名：科学家识别每一种生物的独一无二的名称，由两部分组成。大部分的学名源自拉丁文或希腊文，例如Agama agama是彩虹鬣蜥的学名。Agama属还包括其他种类的蜥蜴（学名的第一部分都是Agama），而它们都是飞蜥科的成员，隶属于有鳞目。有鳞目包含所有种类的蜥蜴、蛇类和蚓蜥。

透明膜：本书指覆盖在蛇类和部分蜥蜴眼睛上的透明鳞片，英文中还有另一个名称：brille。

翼膜：某些会飞的爬行动物的皮肤会沿着肋骨延伸，形成能让它们滑翔的翼膜。

雨林：年降雨量超过406厘米的常绿森林，包括温带和热带雨林。

冬眠场所：许多同种的爬行动物聚在一起冬眠的洞穴。有时一个冬眠场所中会有好几个不同物种。

扩展阅读

内容精彩的网站、电影和值得拜访的地方

网站

发现更多爬行动物的照片、影片和相关资料，请访问国家地理学会的“爬行动物”网站：animals.nationalgeographic.com/animals/reptiles

《爬行动物》杂志（*Reptiles*）的网站中有丰富的爬行动物信息，包含如何照顾爬行动物，你还可以在这里发现很多与爬行动物相关的各种比赛呢！www.reptilesmagazine.com

圣地亚哥动物园的网站有爬行动物的简介，以及各目爬行动物的深入介绍：animals.sandiegozoo.org/content/reptiles

爬行动物数据库中包含超过1万种爬行动物的信息：www.reptile-database.org

想知道更多濒临灭绝的爬行动物和两栖类动物的相关议题吗？请登录两栖爬行动物保护网站：amphibianandreptileconservancy.org

密歇根大学的儿童生物网站中有很多关于爬行动物的信息和照片：www.biokids.umich.edu/critters/Reptilia

美国国家动物园网站中有关于爬行动物的展览、保护以及生物适应的各种信息：nationalzoo.si.edu/animals/reptilesamphibians/exhibit/default.cfm

ARKive网站中有各式各样的爬行动物影片和照片：www.arkive.org/reptiles

圣路易动物园网站中有关于爬行动物的大小事：www.stlzoo.org/animals/abouttheanimals/reptiles

生物百科网站中有大量关于爬行动物的资料和照片：eol.org/info/441

英国国家广播公司自然网站有超过80种爬行动物的照片和信息：www.bbc.co.uk/nature/life/Reptile/by/rank/all

电影

英国国家广播公司

《现代恐龙》（*Dragons Alive*）2004年发行。这部纪录片分成三个部分，包含爬行动物的演化、适应以及保护。

《冷血生命》（*Life in Cold Blood*）2008年发行。这个系列分成五集，包含两栖类和爬行动物的内容，探讨这些动物的适应、行为以及物种多样性。

自然频道

《巨蟒入侵》（*Invasion of the Giant Pythons*）2010发行。从圈养环境逃脱（或是被野放）的缅甸蟒入侵了美国佛罗里达州的湿地，它们捕食当地原生的野生动物。这些巨蛇会如何影响大沼泽国家公园里的生物和栖息地呢？

《爬行动物》（*The Reptiles*）2003年发行。分成四个部分，完整介绍了鳄鱼、蜥蜴、蛇类和乌龟。

《超级巨鳄》（*Supersize Crocs*）2007年发行。在这部纪录片中，鳄鱼保护专家走遍全球，找寻现存的不同鳄鱼种类中体形巨大的个体。

NOVA电视节目

《北极的恐龙》（*Arctic Dinosaurs*）2011年发行。科学家穿越美国的阿拉斯加，研究化石矿床中7000万年前的遗骸，诉说关于极地恐龙的故事。

《澳大利亚初始的40亿年：巨兽》（*Australia's*

First 4 Billion Years: Monsters）2013年发行。这部影片包含4个系列，呈现了称霸远古澳大利亚的凶猛大型爬行动物。

《蜥蜴之王》（*Lizard Kings*）2009年发行。这部纪录片主要是介绍巨蜥科，包含凶猛的科摩多巨蜥。

《毒液：大自然的杀手》（*Venom: Nature's Killer*）2011年出版。科学家研究世界上最毒的动物，包含多种爬行动物，探讨面对这些有毒化学物质时，我们是否有解药。

值得拜访的地方

美国

加利福尼亚州：萨克拉门托动物园，爬虫动物馆。
加利福尼亚州：圣地亚哥动物园，爬虫动物馆和爬虫小径
佛罗里达州：圣奥古斯丁，短吻鳄农场动物公园
佐治亚州：亚特兰大动物园，两栖类和爬行动物体验区
肯塔基州：路易维尔动物园，爬虫馆
路易斯安那州：新奥尔良，奥杜邦动物园，爬行动物互动区
密歇根州：底特律动物园，爬行动物保护中心
新墨西哥州：阿尔布开克，美国国际响尾蛇博物馆
新墨西哥州：阿尔布开克，格兰德河动物园，爬虫馆
纽约州：史坦顿岛动物园，恐惧区
纽约州：布朗克斯动物园，爬虫世界
俄亥俄州：哥伦布动物园和水族馆，爬虫栖地
俄亥俄州：辛辛那提，辛辛那提动物园，爬虫馆
宾夕法尼亚州：费城，费城动物园，两栖与爬虫馆
南达科他州：拉皮德城，爬虫园
田纳西州：诺克斯维，诺克斯维动物园，两栖类与爬行动物保护中心
得克萨斯州：华兹堡动物园，活体艺术博物馆
华盛顿州：国家动物园，爬行动物探索中心

加拿大

埃布尔达省：卡加利，卡加利动物园，史前公园
安大略省：印地安河，印地安河爬虫动物园
安大略省：渥太华，小雷爬虫动物园

南美洲及中美洲

阿根廷：布宜诺斯艾利斯动物园，爬虫馆
百慕大：弗拉茨村，百慕大水族馆、博物馆和动物园群，加拉帕戈斯展、爬行动物展。
巴西：圣保罗动物园
哥斯达黎加：爬虫公园
墨西哥：哈利斯科，瓜达拉哈拉动物园，爬虫馆

欧洲

奥地利：萨尔兹堡，自然之家，爬虫动物园（http://www.hausdernatur.at/reptile-zoo.html）
奥地利：维也纳，美泉宫动物园，水族馆（http://www.zoovienna.at/en/zoo-and-visitors/visitor-information/）
捷克：布拉格动物园，水族馆。（http://www.zoopraha.cz/en）
英国：伦敦动物园，爬虫馆（http://www.zsl.org/zsl-london-zoo/exhibits/reptile-house）
匈牙利：布达佩斯动物园，毒物馆（http://www.zoobudapest.com/en/must-see/animal-kingdom/venomous-house）
爱尔兰：都柏林动物园，爬虫馆（http://www.dublinzoo.ie/87/House-of-Reptiles.aspx）
意大利：罗马，毕欧帕可野生动物公园，爬虫馆（http://www.bioparco.it/english/）
波兰：克拉科夫动物园，爬虫馆（http://www.zoo-krakow.pl/index_en.php）
俄罗斯：莫斯科动物园，水族馆（http://www.zoo.ru/moscow/frame_e4.htm）
西班牙：巴塞罗那动物园，爬虫馆（https://www.zoobarcelona.cat/en/know-the-zoo/spaces-in-the-zoo/highlights/reptile-house/）

西班牙：马德里动物园水族馆，爬虫动物互动区（http://www.zoomadrid.com/interacciones/interaccion- con-reptiles）

瑞士：巴塞尔动物园，生态动物园区（http://www.zoobasel.com/en/tiere/anlagen/anlage.php?AnlagenID=4）

亚洲

印度：新德里，国家动物公园，爬虫馆（http://nzpnewdelhi.gov.in/index.htm）

印度：泰米尔纳德邦，阿瑞格拿安娜动物公园，爬虫馆和鳄鱼场（http://www.aazoopark.in/）

印度尼西亚：雅加达，拉古南动物园（http://ragunanzoo.jakarta.go.id/）

日本：东京，上野动物园，生态动物园区（http://www.tokyo-zoo.net/english/ueno/index.html）

新加坡：新加坡动物园，爬虫园（http://www.zoo.com.sg/exhibits-zones/reptile-garden.html#ad-image-0）

非洲

埃及：开罗，吉萨动物园，爬虫馆（http://www.gizazoo-eg.com/）

南非：比勒陀利亚，南非国家动物园，爬虫公园（http://www.nzg.ac.za/index.php）

乌干达：恩德培，乌干达野生动物教育中心（http://www.uweczoo.org/）

澳大利亚

新南威尔士：桑默斯比，澳大利亚爬虫公园和野生动物保护区（http://www.reptilepark.com.au/）

新南威尔士：雪梨，塔龙加动物园，爬虫世界（http://taronga.org.au/）

北区：艾丽斯斯普林斯，爱丽斯泉爬虫动物中心（http://www.reptilecentre.com.au/）

昆士兰：毕尔瓦，澳洲动物园，鳄鱼馆（http://www.australiazoo.com.au/visit-us/exhibits/the-crocoseum/）

澳大利亚南部：阿德莱德，阿德莱德动物园，爬虫馆（http://www.zoossa.com.au/adelaide-zoo/zoo-information/zoo-map）

维多利亚：墨尔本，墨尔本动物园，爬虫馆（http://www.zoo.org.au/melbourne）

澳大利亚西部：南珀斯，珀斯动物园，爬虫动物互动区（http://perthzoo.wa.gov.au/）

新西兰

汉米顿：汉米顿动物园，喙头蜥之家（http://hamiltonzoo.co.nz/）

惠灵顿：惠灵顿动物园，英雄HQ（http://www.wellingtonzoo.com)

索引

F

G

H

J

T

W

X

Y

Z

照片出处

KEY: GI: Getty Images; IS: iStockphoto; MP: Minden Pictures; NPL: Nature Picture Library; NGC: National Geographic Creative; SS: Shutterstock

COVER: (iguana skin background), Baishev/SS; (panther chameleon), Andrea & Antonella Ferrari/NHPA/Photoshot; (yellow box turtle), Dora Zett/SS; (ball python), fivespots/SS; (blue day gecko), Michel Gunther/Biosphoto/MP; (leopard gecko), Robert Eastman/SS; (Indian star tortoise), Eric Isselée/SS; (yellow eyelash viper), Eric Isselée/SS; (chameleon), Kuttelvaserova Stuchelova/SS; (tokay gecko), Picade LLC/Alamy; (crocodile), kickers/IS; **SPINE:** (Indian star tortoise), Eric Isselée/SS; (leopard gecko), Robert Eastman/Shutterstock; **BACK COVER:** (frilled lizard), Eric Isselée/IS; (painted turtle), Gerald A. DeBoer/SS; (ball python), Life on white/Alamy

INTERIOR: (chameleon skin background throughout), xlt974/SS; (snake skin background throughout), Yuttasak Jannarong/SS; (crocodile skin background throughout), xlt974/SS; (turtle shell background throughout), roroto12p/SS; 1, reptiles4all/IS; 2, Eric Isselée/SS; 3 (panther chameleon), Andrea & Antonella Ferrari/NHPA/Photoshot; 3 (ball python), fivespots/SS; 3 (blue day gecko), Michel Gunther/Biosphoto/MP; 3 (leopard gecko), Robert Eastman/SS; 3 (yellow box turtle), Dora Zett/SS; 3 (chameleon), Kuttelvaserova Stuchelova/SS; 3 (crocodile), kickers/IS; 4 (UP LE), Dr. Morley Read/SS; 4 (LO LE), Eric Isselée/SS; 4 (UP RT), feathercollector/SS; 4 (LO RT), Don Mammoser/SS; 5 (UP RT), Zastolskiy Victor/SS; 5 (CTR LE), Pan Xunbin/SS; 5 (CTR RT), Jeff Mauritzen; 5 (LO), Michael D. Kern/NPL; 6 (UP), courtesy Christina Wilsdon; 6 (LO), Super Prin/SS; 7 (UP), tunart/IS; 7 (CTR), courtesy Thomas K. Pauley; 7 (LO), B.Stefanov/SS; 8 (LE), Robert Eastman/SS; 8 (RT), Michel Gunther/Biosphoto/MP; 9 (LO), Andrew Walmsley/Alamy; **DISCOVERING REPTILES:** 10-11, John Abbott/Visuals Unlimited/GI; 12-13, Michael & Patricia Fogden/MP; 13 (UP), Nashepard/SS; 14, Vilainecrevette/SS; 15 (LO), 145/Georgette Douwma/Ocean/Corbis; 15 (UP LE), huronphoto/IS; 15 (CTR LE), Jordi Chias/NPL; 15 (CTR RT), Thomas & Pat Leeson/Science Source; 15 (UP RT), Joel Sartore/NGC; 16-17, Michael Loccisano/GI; 17 (UP), Claire Houck/Wikimedia Commons; 17 (LO), Michael & Patricia Fogden/MP; 18, Teri Virbickis/SS; 19 (UP LE), Kelly Nelson/SS; 19 (UP RT), René Lorenz/IS; 19 (LO), bluedogroom/SS; 20, EcoPrint/SS; 21 (UP), Michael & Patricia Fogden/MP; 21 (LO LE), Roberta Olenick/All Canada Photos/GI; 21 (LO RT), Alex Pix/SS; 22, Cathy Keifer/SS; 23 (UP-1), John Cancalosi/Photolibrary RM/GI; 23 (UP-2), John Cancalosi/Photolibrary RM/GI; 23 (UP-3), Tony Phelps/NPL; 23 (LO), pfb1/IS; 24, Stuart G Porter/SS; 25 (UP), thawats/IS; 25 (CTR), Joe McDonald/Visuals Unlimited, Inc.; 25 (LO LE), Michael D. Kern/NPL; 25 (LO RT), Sabena Jane Blackbird/Alamy; 26-27, J & C Sohns/Picture Press RM/GI; 27 (CTR LE), FLPA/Chris Mattison/MP; 27 (UP), Warren Pirce Photography/IS; 27 (CTR RT), Robert Valentic/NPL; 28, SuperStock; 29 (INSET), SuperStock; 29, Mike Godwin; 30, cellistka/SS; 31 (UP), Willyam Bradberry/SS; 31 (LO LE), Andre Coetzer/SS; 31 (LO RT), Pakhnyushchy/SS; 32, Gary Bell/oceanwideimages.com; 33 (UP), JASA74/IS; 33 (LO LE), Elizabeth Netterstrom/Alamy; 33 (LO RT), Robert Harding World Imagery/Alamy; 35 (UP), Robert C Hermes/Photo Researchers RM/GI; 35 (CTR), Nicole Duplaix/NGC; 35 (LO), Chris Mattison/Photoshot/Biosphoto; 36, K. Hinze/Corbis; 37 (UP), Oxford Scientific/Photodisc/GI; 37 (CTR UP), Chris Johns/NGC; 37 (CTR LO), Mitsuaki Iwago/MP; 37 (LO), Barry Mansell/NPL; 38, Ch'ien Lee/MP; 39 (UP), OneSmallSquare/SS; 39 (CTR LE), Piero Malaer/IS; 39 (CTR RT), Micha Klootwijk/IS; 39 (LO), Joe McDonald/Visuals Unlimited/GI; 40, Piotr Naskrecki/MP; 41 (UP), Michael Lustbader/Science Source; 41 (LOLE), FLPA/Alamy; 41 (LORT), reptiles4all/SS; 42-43, Chris Mattison/Alamy; 43 (UP), DnDavis/SS; 43 (CTR), B.G. Thomson/Science Source; 43 (LO), Raymond Mendez/Animals Animals; 44, Paul Vinten/SS; 45 (LO), VT750/SS; 45 (UP LE), Jeff Mauritzen; 45 (UP RT), Gavin Maxwell/NPL; 46, Shigeki Iimura/MP; 47 (UP), Matt Jeppson/SS; 47 (LO LE), KonArt/IS; 47 (LO RT), Dr. John D. Cunningham/Visuals Unlimited, Inc.; 49 (UP LE), Suzi Eszterhas/MP; 49 (UP CTR), Rainer von Brandis/IS; 49 (UP RT), Photoshot Holdings Ltd/Alamy; 49 (LO), Cathy Keifer/IS; 50, offtopic99/IS; 51 (UP), Alberto Loyo/SS; 51 (LO LE), George Grall/NGC; 51 (LO RT), John Cancalosi/Photolibrary RM/GI; 52, nikitsin.smugmug.com/SS; 52 (LO), Norbert Wu/MP; 53 (UP), Ryan M. Bolton/SS; 53 (CTR), Oli Scarff/GI; **LIZARDS, SNAKES, & WORM LIZARDS:** 54-55, Matt Cornish/SS; **ALL ABOUT LIZARDS:** 56 (UP), Auscape/Universal Images Group/GI; 56 (LO), ZigaC/IS; 57 (UP LE), reptiles4all/SS; 57 (UP RT), Murray Cooper/MP; 57 (LO LE), Wild Dales Photography—Simon Phillpotts/Alamy; 57 (LO RT), Juniors Bildarchiv GmbH/Alamy; 58, Jak Wonderly; 59, Joel Sartore/NGC; 59 (INSET), Mark Kostich/IS; 60, Cathy Keifer/SS; 60 (INSET), drop-off-dean/IS; 63, Martin Harvey/Corbis; 63 (INSET), Solvin Zankl/NPL; 64, Tim MacMillan/John Downer Productions/NPL; 64 (INSET), Ch'ien Lee/MP; 67, Michael & Patricia Fogden/Corbis; 67 (INSET), Auscape/Universal Images Group/GI; 68, Claus Meyer/MP; 68 (INSET), Miroslav Hlavko/SS; 69, Lefteris Papaulakis/SS; 71, Tui De Roy/MP; 71 (INSET), Jeff Mauritzen; 72, fremme/IS; 72 (INSET), Mark Summerfield/Alamy; 73, B Christopher/Alamy; 74, Jason Patrick Ross/SS; 75, kdwilliams/IS; 75 (INSET), Leena Robinson/SS; 76, David Hughes/IS; 76 (INSET), Matt Jeppson/SS; 77, Joe McDonald/Corbis; 79, Jared Hobbs/All Canada Photos/GI; 79 (INSET), Tom Grundy/SS; 80, blickwinkel/Alamy; 80 (INSET), Visuals Unlimited/Corbis; 83, Dante Fenolio/Science Source; 84, Andres Morya/Visuals Unlimited, Inc.; 84 (INSET), Imagebroker RF/GI; 87, Linda Whitwam/Dorling Kindersley/GI; 87 (INSET), rook76/SS; 88, Jean-Paul Ferrero/MP; 88 (INSET), Image courtesy of The Perth Mint; 91, Scott Linstead/Science Source; 91 (INSET), Ted Kinsman/Science Source; 92, Scott Corning; 92 (INSET), Charles R. Knight/NGC; 95, John & Lisa Merrill/Riser/GI; 95 (INSET), Auscape/Universal Images Group/GI; 96, Mark Kostich/IS; 96 (INSET), reptiles4all/IS; 97, Photographer/SS; 98, arturasker/SS; 99, Ingo Arndt/MP; 99 (INSET), Juniors Bildarchiv GmbH/Alamy; 100, Reinhard Holzl/Imagebroker RF/GI; 100 (INSET), Frank Glaw & Miguel Vences; 101, Cathy Keifer/SS; 103, Michael & Patricia Fogden/MP; 103 (INSET), Natural Visions/Alamy; 104, blickwinkel/

Alamy; 104 (INSET), Nils Kahle—4FR PHOTOGRAPHY/IS; 105, Chris Mattison/NPL; 107, Gary Bell/oceanwideimages.com; 108, Rod Patterson/Gallo Images/GI; 108 (INSET), belizar/SS; 111, Terry Mathews/Alamy; 111 (INSET), Mike Lane/IS; 112, Tim Flach/The Image Bank/GI; 112 (INSET), fivespots/SS; 114, Sergey Uryadnikov/SS; 115, Anna Kucherova/SS; 115 (INSET), Juni Kriswanto/AFP/GI; 116, Craig Dingle/IS/GI; 116 (INSET), Auscape/Universal Images Group Editorial/GI; 117, Natural Visions/Alamy; 118, robin chittenden/Alamy; 119, Matt Jeppson/SS; 119 (INSET), Eyal Bartov/Alamy; 120, Image-broker/Alamy; 120 (INSET), zprecech/Depositphotos.com; 121, Jason Patrick Ross/SS; **ALL ABOUT SNAKES:** 122 (UP), Chris Mattison/FLPA/MP; 122 (LO), Mark Kostich/IS; 123 (UP), Michael & Patricia Fogden/MP; 123 (CTR LE), Jim Merli/Visuals Unlimited, Inc.; 123 (CTR LO LE), Matt Jeppson/SS; 123 (LO RT), age fotostock/Alamy; 123 (LO LE), Stuart G Porter/SS; 123 (CTR RT), Jurgen Freund/NPL; 124, John Abbott/Visuals Unlimited/GI; 125, Federico Veronesi/Gallo Images/GI; 125 (INSET), Tony Crocetta/Biosphoto; 126, Steve Cooper/Photo Researchers RM/GI; 126 (INSET), reptiles4all/IS; 128, cellistka/SS; 129, Mark Conlin/Alamy; 129 (INSET), Heiko Kiera/SS; 130, nickpo/IS; 130 (INSET), KarSol/SS; 132, Michel Gunther/Science Source; 133, Life on white/Alamy; 133 (INSET), fivespots/SS; 134, Alicia Gonzalez/Alamy; 134 (INSET), Martin Wendler/Science Source; 135, Claudine Laabs/Science Source; 137, Jany Sauvanet/Science Source; 137 (INSET), Mark Kostich Photography/IS; 138, Pete Oxford/MP; 138 (INSET), Michael Loccisano/GI; 139, sergeyryzhov/IS; 141, Larry Miller/Science Source; 141 (INSET), Blair Hedges, Penn State University; 142, William Weber/Visuals Unlimited/GI; 142 (INSET), Robert Hamilton/Alamy; 145, Michael Grant Wildlife/Alamy; 145 (INSET), Jason Edwards/NGC; 146, Robert Pickett/Papilio/Corbis; 146 (INSET), Michael & Patricia Fogden/MP; 147, Mark Kostich/IS; 149, Mattias Klum/NGC; 149 (INSET), reptiles4all/SS; 150, twildlife/IS; 150 (INSET), twildlife/IS; 152, Valmol48/IS; 153, Bruce Dale/NGC; 153 (INSET), BreatheFitness/IS;154, Laurie Campbell/NPL; 154 (INSET UP), Andy Sands/NPL; 154 (INSET LO), Fabio Pupin/Visuals Unlimited, Inc.; 155, Danny Laps/MP; 157, Kenneth M. Highfill/Science Source; 157 (INSET), Jim Merli/Visuals Unlimited/GI; 158, Andrea & Antonella Ferrari/NHPA/Photoshot/Biosphoto; 158 (INSET), Andrea & Antonella Ferrari/NHPA/Photoshot/Biosphoto; 161, Tim Laman/NGC; 161 (INSET), Tim Laman/NGC; 162, Michael & Patricia Fogden/MP; 162 (INSET), Michael & Patricia Fogden/MP; 165, Mattias Klum/NGC; 165 (INSET), Mattias Klum/NGC; 166, John Serrao/Science Source; 167, Jak Wonderly; 168, Joseph T. Collins/Science Source; 169, Tom McHugh/Photo Researchers RM/GI; 169 (INSET), Daniel Heuclin/Nature Production/MP; 170, ER Degginger/Science Source; 170 (INSET), Daniel Heuclin/NPL; 171, Michael & Patricia Fogden/MP; 172, Inaki Relanzon/NPL; 173, Danita Delimont/Gallo Images/GI; 173 (INSET), Photo Researchers RM/GI; 174, Lorraine Swanson/SS; 174 (INSET), Alan Sirulnikoff/All Canada Photos/GI; 177, Danita Delimont/Gallo Images/GI; 177 (INSET), Sanjeev Gupta/epa/Corbis; 178, Jean-Paul Ferrero/Auscape/Biosphoto; 178 (INSET), Robert Valentic/NPL; 179, Brooke Whatnall/NGCreative/MP; 181, Joseph T. and Suzanne L. Collins/Photo Researchers RM/GI; 181 (INSET), Shintaro Seki/MP; **ALL ABOUT WORM LIZARDS:** 182, Fabio Pupin/FPLA/MP; 183 (UP), reptiles4all/SS; 183 (LO RT), Piotr Naskrecki/MP; 183 (LO LE), Geoff Dann/GI; 185, George Grall/NGC; 185 (INSET), Daniel Heuclin/Biosphoto; 186, Jose B. Ruiz/NPL; 186 (INSET), Picture Press/Alamy; 189, Barry Mansell/NPL; 189 (INSET), SuperStock; 190, Wild Horizons/Universal Images Group Editorial/GI; 190 (INSET), Chris Mattison/Alamy; 191, SuperStock; 193, Mark O'Shea/NHPA/Photoshot; 193 (INSET), Dante Fenolio/Science Source; **TURTLES & TORTOISES:** 194-195, Richard Carey/IS; 196 (UP), Ingo Arndt/NPL; 196 (LO), Geoff Dann/MP; 197 (UP), Brian J. Skerry/NGC; 197 (LO LE), SuperStock/Alamy; 197 (CTR), ZSSD/MP; 197 (LO RT), Ryan M. Bolton/Alamy; 199, danz13/SS; 199 (INSET), DnDavis/SS; 200, Joe McDonald/Visuals Unlimited/GI; 200 (INSET), Danita Delimont/Gallo Images/GI;202, Fabio Pupin/FLPA/Science Source; 203, Bildagentur Geduldig/Alamy; 203 (INSET), Daniel Heuclin/Science Source; 204, Nagel Photography/SS; 204 (INSET), Lakeview Images/SS; 207, ZSSD/MP; 207 (INSET), imageBROKER/Alamy; 208, Jeff Mauritzen; 208 (INSET UP), Tui De Roy/MP; 208 (INSET LO), Tui De Roy/NPL; 211, Robert Hamilton/Alamy; 211 (INSET), C.C. Lockwood/Bruce Coleman/Photoshot; 212, Konstantin Mikhailov/NPL; 212 (INSET), Shintaro Seki/MP; 214, Joel Sartore/NGC; 215, Bianca Lavies/NGC; 215 (INSET), SuperStock; 216, ANT Photo Library/Science Source; 216 (BACK), Ryu Uchiyama/Nature Production/MP; 218, Joe Blossom/Alamy; 218, Cyril Ruoso/MP; 218 (INSET), reptiles4all/SS; 220, Ken Griffiths/NHPA/Photoshot; 220 (INSET), ANT Photo Library/NHPA/Photoshot; 223, George Grall/NGC; 223 (INSET), Juniors Tierbildarchiv/Photoshot; 224, Kurt HP Guek/NHPA/Photoshot; 224 (INSET), Michael D. Kern/Zoo Atlanta/NPL; 227, Richard Whitcombe/SS; 227 (INSET), Norbert Wu/MP; 228, Brian J. Skerry/NGC; 228 (INSET), Herve06/IS; **CROCODILES, ALLIGATORS, & GHARIALS:** 230-231, Joel Sartore/NGC; 232 (UP), Matyas Rehak/SS; 232 (LO), Neil Lucas/NPL; 233 (UP), David Kjaer/NPL; 233 (CTR LE), Per-Gunnar Ostby/Oxford Scientific RM/GI; 233 (CTR RT), Joel Sartore/NGC; 233 (LO), Praisaeng/SS; 234, Juan Gracia/SS; 234 (INSET), Chris Johns/NGC; 236, Joel Sartore/NGC; 237, Steve Cooper/Science Source; 237 (INSET), Sergey Lavrentev/SS; 238, Kevin Schafer/NHPA/Photoshot; 238 (INSET), Nature's Images/Photo Researchers RM/GI; 239, Morales/age fotostock RM/GI; 241, Kevin Schafer/MP; 241 (INSET), reptiles4all/SS; 242, Brian J. Skerry/NGC; 242 (INSET UP), Arend Thibodeau/IS; 242 (INSET LO), tfoxfoto/IS; 243, Gianfranco Lanzetti/NGC; 245, Lori Epstein/NGC; 245 (INSET), Kenneth Garrett/NGC; 246, Misja Smits/Buiten-beeld/MP; 246 (INSET), Mike Parry/MP; 247, Mike Parry/MP; 248, ben44/SS; 249, Michael & Patricia Fogden/MP; 249 (INSET), TakinPix/IS; **TUATARAS:** 250-251, Tui De Roy/MP; 252, Andy Reisinger/MP; 252 (INSET), Mark Moffett/MP; 253, Mark Carwardine/NPL; **MORE ABOUT REPTILES:** 254 (UP LE), Pete Oxford/MP; 254 (LO LE), Pete Oxford/MP; 254 (UP RT), cookelma/IS; 254 (LO RT), Joel Sartore/NG Creative/GI; 255 (UP RT), Michael Kern/Visuals Unlimited/Corbis; 255 (CTR), Joel Sartore/NG Creative/GI; 255 (LO LE), Natural Visions/Alamy; 255 (LO RT), Picade LLC/Alamy; 256 (LE), courtesy Adam Leache; 256 (RT), Juniors Bildarchiv GmbH/Alamy; 257 (UP), Jeff Mauritzen; 257 (LO), Jak Wonderly; 258 (LE), Eric Isselée/SS; 258 (RT), Richard Carey/IS; 259 (UP), Eric Isselée/SS; 259 (LO), Jeff Grabert/SS; 260 (CTR LE), Bernd Rohrschneider/FPLA/MP; 260 (UP), Jak Wonderly; 260 (LO), EcoPic/IS; 260-261, Matt Propert; 261 (UP), JohnPitcher/IS; 261 (LO), Eric Isselée/IS; 263, Gerald A. DeBoer/SS; 264 (UP), CreativeNature R.Zwerver/SS; 264 (LO), Fedor Selivanov/SS; 265 (UP), Jak Wonderly; 265 (LO), Eric Isselée/SS

图书在版编目（CIP）数据

酷酷的爬行动物/(美)克里斯廷娜·韦尔斯顿著；黄乙玉译. — 青岛：青岛出版社，2019.6

ISBN 978-7-5552-7322-6

Ⅰ. ①酷… Ⅱ. ①克… ②黄… Ⅲ. ①爬行纲－少儿读物 Ⅳ. ①Q959.6-49

中国版本图书馆CIP数据核字(2018)第174727号

山东省版权局著作权合同登记号 图字：15－2018－93 号

书　　名　酷酷的爬行动物
作　　者　[美] 克里斯廷娜·韦尔斯顿
译　　者　黄乙玉
出版发行　青岛出版社
社　　址　青岛市海尔路182号
总 策 划　连建军　李永适
特约策划　张婷婷
责任编辑　吕　洁
文字编辑　窦　畅　王　琰
　　　　　江　冲　邓　荃
责任审校　崔建国
特约编辑　王　蓝
美术编辑　吴晓京
责任印制　宁　波

邮购地址　青岛市海尔路182号
　　　　　出版大厦7层少儿期刊中心
　　　　　邮购部（266061）
邮购电话　0532-68068719
制　　版　北京博海升彩色印刷有限公司
印　　刷　北京博海升彩色印刷有限公司
出版日期　2019年6月第1版
　　　　　2019年6月第1次印刷
开　　本　16开（889mm × 1194mm）
印　　张　17
字　　数　280千
图　　数　400幅
书　　号　ISBN 978-7-5552-7322-6
定　　价　122.00元

编校质量、盗版监督服务电话：4006532017　0532-68068638

印刷厂服务电话：010-60594506

本书建议陈列类别：少儿科普